非直覺式管理

把人放對,績效自然到位

從雜亂無章到節奏分明,
帶出一支能自己解題、穩定輸出的行動型團隊

沈奕 著

調結構
調節奏
調人心

◎用對人,勝過用最好的人!
◎讓你的團隊少磨合、多產出

用人不靠運氣,你需要的是一套清晰的邏輯與設計
跳脫職位與資歷迷思,教你找到真正能解任務的人

目 錄

前言　　　　　　　　　　　　　　　　　　　　　　005

第一章　看對人：選才的決策判斷　　　　　　　　　009

第二章　用對人：搭配與角色安排　　　　　　　　　029

第三章　帶對人：激勵方式與溝通風格　　　　　　　047

第四章　放對人：授權與信任機制　　　　　　　　　065

第五章　管對人：績效追蹤與回饋系統　　　　　　　087

第六章　扛責任：主管的決斷與承擔　　　　　　　　109

第七章　危機中的領導力：轉折與穩定度　　　　　　127

目錄

| 第八章　團隊建設：協作與文化營造 | 145 |

| 第九章　組織策略與人才布局 | 163 |

| 第十章　用人到用心：從技術到格局 | 181 |

前言

　　每一位曾經當過主管的人，大概都曾經在某個瞬間自問過：「我是不是選錯人了？」這個疑問不一定來自對方做錯什麼，反而往往是因為他沒有做錯什麼，卻讓整個團隊變得很難推進。你試著說服自己給他多一點時間，也試著跟其他同事解釋「我們再磨合看看」，但事情依然沒有變順。你發現，原來不是每一次努力都能產生正向的反饋；有時候，反而會讓誤差越來越明顯。

　　用人，是所有主管工作中最難預測、也最難調整的那一塊。這不只是因為人本來就複雜，更因為「工作關係」這件事，在組織裡從來就不單純。你以為你在招的是一個職務，但其實你接下來要面對的，是一個人的脾氣、節奏、溝通習慣與價值觀；你以為他過去的經歷是保障，但那些經歷帶來的其實是他對工作的預設；你以為你只要安排任務就好，但很多時候你要處理的是情緒卡關、語氣摩擦與對焦斷層。

　　而這些東西，很少有人會教你怎麼看。

　　你也許參加過領導力訓練、讀過管理相關的書，學會了怎麼設定目標、追蹤績效、調整激勵方案。但你可能會發

> 前言

現,那些工具很好用,卻沒辦法解釋你眼前這個人為什麼老是配合不到點上,也沒辦法解釋你為什麼會對某些人總是特別寬容,對另外一些人卻特別快失去耐心。真正困擾你的,並非該怎麼交代工作,而是當你發現事情沒照想像發展時,你該怎麼調整自己的判斷與關係策略。

本書會談的,是那些你不容易從流程圖裡找到答案的問題:為什麼你總是對履歷好看的人特別容易動心?為什麼你明明已經列出工作條件,卻還是覺得很難找到「對的人」?為什麼你設計好的制度總是被繞過?為什麼有些人看起來什麼都做了,最後成果卻總是不到位?這些問題不是單一技巧可以解決的,它們背後有的是你沒察覺的選人習慣,有的是團隊文化早就累積的潛規則,也有的是你自己內心還沒整理清楚的用人標準。

與其說這是一本教你怎麼管理別人的書,不如說它是一本讓你重新理解「人與團隊之間是怎麼互相影響的」書。我們會談潛力的判斷,也會談「相處的可能性」;我們會談位置的重要,也會談人的反應模式;我們會談怎麼設計回饋與任務對齊,也會談怎麼在衝突與誤解中,找出修正方向。不會過度理想化每個角色,我們從實際管理經驗出發,幫你整理出一套可以長期運作的理解框架。

我們知道,帶人這件事從來不會只靠理智來完成,它總

是參雜著感覺、預設與壓力。你有你要交的 KPI，也有你希望維持的氣氛；你有你理想中的標準，也有你面對現實時的妥協。你得在「別讓人失望」和「別讓工作卡住」之間取得平衡，而這種拿捏，不會因為你讀過幾本工具書就變得容易。

所以這本書不是寫給那些想要套用萬用公式的人，而是寫給願意仔細觀察、願意多問一點、願意嘗試建立更清晰判斷標準的主管。它幫你釐清「什麼樣的人，現在最適合你這支隊伍」。因為每個團隊的結構、任務、文化、時機點都不同，真正有效的用人策略，必須來自你對這些差異的理解與運用。

書中每一章都鎖定一個用人關鍵點——從怎麼辨認潛力、怎麼看出合不合、怎麼排出好的工作節奏、怎麼在困難關係中保有清晰的期待，到怎麼讓團隊在持續變動的環境中，穩定地往前推進。這些主題不會只有制度性思考，也會穿插各種真實案例與行動對話，讓你從不同的情境切面，找到可以應用在自己團隊裡的做法。

如果你正在帶人，也正經歷某種程度的用人壓力，那希望這本書能幫你少繞一點路、少花一點時間在不必要的懷疑裡；多一點清楚的判斷、多一點可以跟人好好合作的條件。帶隊伍，不靠天分，也不靠權威，是靠你願不願意持續練習「看懂人」的能力，並在這個過程中，看懂你自己。

前言

第一章
看對人：選才的決策判斷

第一章　看對人：選才的決策判斷

1. 你看到的是履歷，還是潛力？

那位面試者一走進來，你就已經在心裡打了分數。他的學歷不錯，履歷也乾淨俐落，工作經歷整齊對稱，講話流利、自信、不卑不亢。你看著這些表面資訊，腦中浮現一句話：「應該不會錯吧。」這句話，其實是很多主管做錯決策的起點。

在選人這件事上，主管最容易掉進的陷阱，就是「看見了可見的條件，卻忽略了不可見的潛力」。學歷、年資、證照、業績數字，看起來清清楚楚、客觀又量化，但真正能決定一個人是否適任的，往往是那些你在面試現場看不到的東西——他在壓力下怎麼應對？面對模糊任務時能否主動探索？遇到意見不合時願不願意溝通？這些，沒有一項會寫在履歷上。

松下幸之助曾說過一句話：「用人的標準，第一是品格，第二是能力，第三才是經驗。」這不只是一句老派的企業家格言，而是在實際管理中被反覆驗證過的原則。過去松下公司內部曾有一個有趣的測驗制度，當應徵者來面試時，主管們會安排一場簡短但略顯混亂的小測試，看應試者在資訊不明確、指令不一致的情況下，如何行動與反應。有些人在過

1. 你看到的是履歷，還是潛力？

程中抱怨、焦躁，甚至質疑制度；有些人則能沉住氣、觀察、適應。事後比對這群人的在職表現，後者普遍更具合作精神與問題解決力。真正重要的能力，不總是能寫在紙上。

Google 的前人資副總裁拉茲洛‧博克（Laszlo Bock）曾提到一個觀察：很多企業選才時，容易把焦點放在學歷、資歷、甚至是否待過大公司這類看得見的條件，但 Google 真正在意的，從來不是這些。根據他在《Work Rules!》一書中所記錄的經驗，真正能在高強度環境下穩定發揮的人，往往不是背景最漂亮的那一群，而是那些能快速學習、反應靈活、跌倒後會自己站起來的人。

這樣的人，有幾個共同特質：他們面對未知時不會慌，反而會想辦法搞清楚情況；他們遇到挫折不是急著甩鍋，而是會先調整自己；他們對自己負責，也願意為團隊多走一步。Google 稱這樣的能力為「學習敏捷度」（learning agility）和「心理韌性」（psychological resilience），而這兩項，其實都不會出現在履歷表上。它們不寫在紙上，也沒辦法靠幾分鐘的自我介紹看出來，但在真正需要解決問題、扛下責任、撐過轉型的時候，這些才是真正撐得住壓力的關鍵。

你可能會說，這些看不到的能力要怎麼判斷？沒錯，選人本來就不是百分之百精確的操作，但最怕的是，我們連「自己在看什麼」都不清楚，反而把方便判斷的條件當成可

第一章　看對人：選才的決策判斷

靠依據。這也是為什麼有些主管總是選來一群外型好、話術強、資歷美的人，卻發現他們進來後狀況連連、不願主動、不肯負責。

一位在金融業帶領團隊十年的資深主管分享過他的經驗：有一次他錄取了一位學經歷極為亮眼的新人，原以為能快速上手，卻發現對方習慣依賴制式流程，遇到突發狀況便無所適從，對模糊性極度排斥；相反，另一位當初沒被選上的應徵者，背景平凡，但後來進入另一部門，短短兩年內就成為專案骨幹，關鍵在於他的主動性與橫向溝通力遠超平均。那位主管後來坦承：「我第一次面談時，太快就被履歷說服了。」

這種錯判，其實並不是個案。在 Netflix 的創辦紀錄與內部文化故事中，也曾提到類似的情況。早期團隊曾經招募過幾位背景漂亮、資歷耀眼的技術專才 —— 來自名校、在知名企業待過，履歷一攤開來，什麼都不缺。但真的一起工作之後才發現，這些人雖然專業強，卻不擅長調整步伐，也不習慣與他人協作，專案進度被拖延，團隊氣氛也變得緊繃。

這樣的經驗讓 Netflix 開始重新審視他們的用人標準。創辦人里德・哈斯廷斯（Reed Hastings）後來在《零規則》（*No Rules Rules*）一書中談到，他們逐漸發現，真正適合 Netflix 的人，是能夠快速適應文化、獨立解決問題、也願意接納彼

> 1. 你看到的是履歷，還是潛力？

此的人。那些抗拒回饋、慣於依賴過去光環過日子、在協作上總是踩著別人步伐前進的人，即使再優秀，也不會是他們想要留在團隊裡的夥伴。

這些看似「軟性」的條件，最後反而成為他們篩選人才時最關鍵的標準。

很多時候，用錯人不是因為看走眼他的能力，而是我們自己在判斷時，早就被某些印象牽著走。社會心理學裡有個概念叫「光環效應」（halo effect），說的是：當我們看到一個人有某個優點——比如他是名校畢業、講話很流暢，或舉止得體——就會下意識地把這個好印象延伸到其他面向，覺得他應該也有領導力、合作起來會不錯、甚至很有潛力等。這些推論看起來很自然，卻不一定有根據。我們常常只是因為資訊不完整，就讓腦袋自己補上了故事。

心理學家丹尼爾・康納曼（Daniel Kahneman）和阿摩司・特沃斯基（Amos Tversky）曾指出，這就是人類常用的「捷思」（heuristics）在運作：為了節省判斷的時間與精力，我們會傾向用一點點明顯的線索，去快速決定一個人值不值得信任、適不適合這份工作。但這種省事的思考方式，很容易讓我們忽略那些真正重要的特質，比如他面對壓力的反應、溝通時是否能聽進他人觀點、或是面對團隊磨合時能不能一起找出路等。

第一章　看對人：選才的決策判斷

這些東西不會出現在履歷上，也不是面試時講得漂亮就能看出來的。但偏偏，這才是決定一個人能不能撐得下去、融得進來、帶得動工作的關鍵。

在高壓環境下，這種啟發式思維尤其常見。主管在面臨人手短缺、專案急迫、壓力高張的情境時，往往更容易依賴「看起來穩當」的人選。從外貌、語氣、經歷到名校頭銜，都是這種判斷的「捷思」。但問題是，真正適合團隊文化與工作挑戰的人，不一定擁有這些表面優勢。

錯選一人，往往不只是單一錯誤，而是會影響整個團隊的連鎖反應。進來的人如果不適任，不僅任務進度延遲，還可能造成信任斷裂：主管開始縮手，下屬產生防禦心態，團隊溝通轉趨保守，甚至出現無聲抵抗與流動率升高。有些組織表面看起來平靜，實際上早已處於內部停滯狀態，其起點，往往就是從一個錯誤的用人決策開始。

有經驗的主管會設法建立橫向觀察的回饋機制，讓團隊成員也能提供觀察意見。有時候，同事們對新進同仁的工作風格適配其實更有直覺反應，因為他們更加貼近日常互動層面。當主管願意聽進這些觀察，而不是單憑個人印象行事，往往能及早發現適配風險，並有機會進行補救調整。

我們也建議每位主管能定期回顧自己過去三次選人的經驗，嘗試回答這五個問題：

> 1. 你看到的是履歷，還是潛力？

1. 我是不是傾向用和我背景類似的人？
2. 我是否曾因對方表現出高自信就過早判斷？
3. 有沒有一次明明當下有疑慮卻還是錄取了？結果如何？
4. 我做決策時，有依賴誰的推薦？是否曾被推薦人影響過判斷？
5. 我在做選人決定時，是更看重眼前執行，還是長遠適配？

當我們願意重新檢視自己的判斷路徑，就比較不容易掉入「選人即自我認同延伸」的盲區。選人其實也是選擇相信誰、投入信任給誰。如果我們沒有練習辨識這個選擇過程，很容易被個人偏好主導整體團隊布局。

那麼，主管究竟該怎麼做，才能不再只看履歷？這裡有幾個可以內化的實務方法：

◆ 設計模擬任務：讓面試者當場處理一段模糊指令，看他如何釐清、問問題、組織行動。
◆ 詢問學習歷程：請他描述一個從「不會」到「會」的真實經驗，觀察其成長邏輯與反思方式。
◆ 提供逆境場景：假設某項任務中途出現阻礙，詢問他會怎麼處理並與他人溝通。

第一章　看對人：選才的決策判斷

- ◆ 觀察提問反應：他是如何釐清不懂的地方、能否反問出問題的本質,是理解力的重要指標。
- ◆ 延後評斷機制：若條件允許,可設立「實作試用期」,讓判斷依據來自行動而非印象。

選人永遠不可能保證百分之百準確,但是只看履歷幾乎保證你一定會錯。履歷提供的是過去,而你需要的是對未來的判斷。真正厲害的主管,不是看得出誰最厲害,而是能看出誰最能適應變化、願意學習、願意承擔。這些才是未來會發生績效的根本土壤。

這裡並非要全然否定學歷與經歷的重要性,但是要提醒你：那只是你對一個人的「初步資訊」,不是結論。真正重要的,是你能否用一雙看得見潛力的眼睛,選出願意成長、能夠面對挑戰的人。因為未來的績效,不是印在履歷上的那一頁,而是對方被錄取以後,做出的每一個選擇。

2. 「合適」不等於「最佳」

　　在選人時，大多數主管都曾面臨過一種心理矛盾：眼前這個人，條件非常好，各方面看來都很強，但你卻隱隱擔心他可能「不適合我們團隊」。而另一個候選人，也許表現沒有那麼亮眼，但是他似乎和團隊的節奏、文化比較對盤。這時你可能會想：該選那個能力最強的，還是那個感覺比較合的？

　　這是幾乎所有主管都必須面對的現實難題。「最佳」不等於「合適」，而選錯的原因，往往不是來自能力不足，而是適配失誤。

　　微軟（Microsoft）前執行長史蒂芬．巴爾默（Steve Ballmer）曾在一次公開訪談中提到，他吃過最大的一次用人虧，是因為自己當時太著迷於對方的聰明才智，卻沒留意這個人能不能融入團隊。他回顧那次高層招募，找來的是一位在矽谷有極高聲望的策略專家，履歷漂亮、表現也無可挑剔。結果才幾個月，這位高階主管就請辭離開，理由是無法適應微軟當時的企業文化與內部節奏。巴爾默後來總結那次經驗時說：「我選了一位聰明人，但我沒選對一個能跟我們一起工作的人。」

第一章　看對人：選才的決策判斷

這樣的情況，其實不只出現在科技公司，在運動領域同樣常見。NBA 的金州勇士隊（Golden State Warriors）就在 2019 年遇過一次典型的選才錯配。當時他們透過先簽後換的方式，引進了明星後衛德安傑洛·羅素（D'Angelo Russell）。這位球員進攻能力出色，持球單打強、得分手段多，名聲也不小，從紙面條件來看幾乎無可挑剔。但是問題出在打法風格上：勇士的進攻講究團隊傳導與無球跑位，整體節奏流動性很高，羅素則更習慣掌握球權、依靠節奏創造個人空間。一來一往之間，場上的化學反應始終沒能真正成形。

不到一季，這筆交易就告一段落。勇士決定將羅素交易出去，換來另一位風格更合適的側翼球員安德魯·威金斯（Andrew Wiggins）。後來的故事大家都知道了：威金斯成為團隊中穩定的支援力量，也在 2022 年球隊奪冠過程中扮演關鍵角色。

這些例子都指向一個重要現象：所謂「用錯人」，不一定是選到能力差的人，而是放錯位置，或是把錯的人放進錯的文化裡。

組織心理學家喬治·博克（George Boak）在一項領導發展研究中指出，一個人的「適任性」其實包含三個層面：能不能把事情做好（任務能力）、跟他人互動的方式是否順暢

2. 「合適」不等於「最佳」

（互動風格），以及能不能融入這個組織的文化氛圍（文化適配度）。這三項缺一不可，但現實中，大部分選人錯誤往往不是因為第一項不夠，而是後兩項被忽略了。很多人能力沒問題，卻在合作時產生摩擦、在價值觀上出現落差，久而久之，彼此消耗，工作也推不動。

企業在人才評估時，常習慣優先看「輸出」——也就是能帶來多少績效、貢獻多少數字。卻很少從「容器」的角度思考：這個人是否適合我們這個系統的流動方式、反應節奏與價值觀習慣？很多主管以為只要能力強、願意做，什麼問題都能克服。但實際情況是，再強的個體，一旦進到一個無法接納他特質的環境，就很容易產生扭曲與挫折。

Netflix 的前人資主管帕蒂・麥考德（Patty McCord）在她與創辦人里德・哈斯廷斯合著的《零規則》一書中提到，高績效文化的關鍵，不是找最強的人，而是打造一個讓適合的人能夠發揮的環境。這個觀念在 Netflix 的招募實務中也不只是口號——他們曾經明確地避開某些履歷閃耀、在業界被視為明星的人選。理由是預判他們未必能適應 Netflix 的文化節奏：決策快速、組織扁平、責任明確，沒有太多流程、也不靠層級在運作。如果一個人習慣的是另一種結構與氛圍，那麼不管他多優秀，都可能會在這樣的體系裡產生落差，甚至干擾原本的運作節奏。

第一章　看對人：選才的決策判斷

在許多企業實務與領導教學中,像哈佛商學院這類管理訓練機構也不斷強調一個觀念:真正能提升團隊穩定度的,不只是找到最好的人,而是把適合的人放在對的位置上。這樣的「角色適配」,往往比我們想像中更能左右一個人願不願意留下、能不能長出貢獻。

從實務上來看,「合適」的人通常具有以下特質:

◆ 也許他的條件並非最頂尖,但他的風格與你團隊的合作模式順暢;
◆ 他願意適應不完美的流程,而不是一進來就試圖推翻所有制度;
◆ 他對結果有要求,但也願意配合現有資源與節奏成長;
◆ 他會主動對接他人,不會將問題一律推向上層決策者。

這些特質構成了所謂的「適配價值」,也就是一個人願意和現有結構磨合、協作與共建的能力。反過來說,「不合適」的人,通常是他的邏輯跟組織邏輯不對齊、他的行動節奏與團隊節奏不匹配。

有一家亞洲科技公司在招募新創團隊領導者時,曾兩度錄用頂尖產品經理,卻都在半年內離職。後來經內部反思,他們發現這兩位雖然策略觀點極佳,但過去都在資源完整、流程清楚的大企業工作,到了初創團隊後,無法適應多工、

2. 「合適」不等於「最佳」

即興、資源模糊的節奏,反而產生巨大挫折。最後他們調整做法,不再只看候選人過去的「舞臺規模」,而是觀察他是否習慣在流程未定、資源不足的情況下,自己定義任務、推動進度。這樣的轉向,讓他們後來的人才穩定率大幅提升。

身為主管,我們必須學會一個關鍵思維:與其問「誰最強」,不如問「誰最合」。這並不是要你降低標準,而是要找到最能在當下結構中產生實效的人。

那麼,我們該怎麼更有系統地判斷「合適度」?以下幾個提問可以作為選才時的實用思考工具:

1. 這個角色的工作節奏偏快還是偏穩定?他能跟得上嗎?
2. 團隊溝通風格是直接還是間接?他的表達習慣會造成摩擦嗎?
3. 任務需要獨立執行還是跨部門協作?他過去在哪種情境中表現較好?
4. 組織當前處於成長、重組還是維穩期?他的性格是否對應這種環境?
5. 他是否曾經歷類似的文化挑戰,並留下可學習的經驗軌跡?

當我們開始問這些問題,就能漸漸從「選履歷」的思維,轉向「選互動關係」的判斷。我們在挑選的,不只是過去的成績,而是能否在未來的合作裡,和團隊建立起有效互

第一章　看對人：選才的決策判斷

動與共同節奏的人。他進來後，能理解團隊的運作方式，也願意調整步伐。

別忘了，「最優」通常是來自過去的累積，但「合適」才能創造未來的成果。一位主管能不能把團隊帶起來，不只在於能夠看得出誰優秀，而在於能不能將人放對位置、排好節奏，讓不同風格的人都能發揮。你選的每一個人，都會影響整個團隊的節奏與頻率。

3. 決策盲點：
為什麼老闆總是選錯人？

　　你說不出哪裡怪，但就是覺得哪裡不對。新進的成員明明履歷完整、口條清楚，試用期也都有乖乖完成交辦任務，卻讓整個團隊的氣氛變得微妙。有人開始不太講話，有人變得很愛回報，有人私下來找你說：「他工作是做得快，但我們有點跟不上他的邏輯。」

　　你一度懷疑是不是自己太敏感。但是幾個月後，績效開始滑落，你發現本來合作順暢的小組突然分裂成了兩種節奏：一種是新人的極速獨跑，另一種是老同事默默補漏洞。最終你發現，問題不在於他做得不好，而在於他不適合你們的團隊節奏，也沒有人知道該怎麼和他配合。

　　你開始懷疑，是不是自己在選人的時候哪裡判斷錯了。但是回頭看那場面試、那份履歷、那些評估表，似乎一切都很合理 —— 他就是你當初認為「最能上手」的人。

　　選錯人，不總是因為看走眼。有時候，是因為你看得太快，也太想要對方剛好能解決你手上的問題。人資趕著補缺、主管急著分擔壓力，招募流程變成一場希望式決策：「拜

第一章　看對人：選才的決策判斷

託他趕快來,先補上空缺就好。」但你並不是在填空格,而是在邀請一個人進入一個本來就運作中的群體。

有些主管在選人時,沒有看清楚自己身處的是什麼樣的局。急著補人是因為缺口很大;聽信推薦是因為這人是朋友介紹;跳過實作環節是因為對方資歷漂亮。這些決定都看似合理,卻少了一個東西:交叉驗證的機會。你會因此缺少發現「不對」的機會點,而這才是真正的決策盲點。

一位中型企業的營運長就曾在內部回顧中坦承,他在一次重要職缺的招募中犯了經典的錯。當時他們急著補一個能夠對接三個部門的專案經理,履歷一來,他看到對方曾在外商公司工作、會三國語言、領過不少獎項,就立刻圈起來約面試。面談過程也順利,對方條理清晰,問題回答得滴水不漏。不到一週就簽約上工。

但兩個月後,部門開始出現摩擦。有一次在專案整合會議上,新人照例用簡報呈現他的執行進度:每個流程都有標示、每項任務都有甘特圖標注,看起來一切井然有序。但是當產品部門提出:「上週那個版本為什麼沒更新?我們後端沒收到資訊」時,他回答:「因為行銷那邊週一的素材沒交,我按照流程等齊才提交給你們。」

然而現場一片沉默,因為這種「等待下游完成再推進」的做法,早已不是這個團隊的共識。大家習慣的是,先同步

3. 決策盲點：為什麼老闆總是選錯人？

已完成部分，邊做邊改，讓其他部門可以提前接手。這不是誰對誰錯的問題，而是協作的節奏完全沒對上。

幾次這樣的情況之後，協力部門乾脆跳過他，直接找內部舊人確認版本，導致溝通流程變成雙線，效率反而下降。主管發現問題時，這已經造成了整體信任機制的鬆動。

當你越急著找「立刻能上工」的人，就越容易誤把形式準備當作實際對位。你看到的是履歷上的專業項目、證照、技能樹，但是沒有人問過：這個人進來後，有沒有餘裕處理不確定？能不能快速調整語言風格，適應不同部門的習慣與摩擦？能不能夠在流程卡住時，自己動手重新整理任務邏輯？

決策錯誤也可能是制度設計不良，不同的選人流程和標準會影響你看到什麼樣的人。你問什麼問題，對方就會給你希望收到的什麼答案；你著重學經歷與硬技能，你就會吸引到擅長包裝這方面的人；而如果你的面談標準只有「會不會講得順、講得對」，那你最後只會選到「會講話」的人，而不是真的能夠解決問題的人。

有些主管選人時，只關注一個問題：「他能不能把眼前這件事做好？」但真正懂得用人的領導者，問的是另一個層次的問題：「他加入之後，有沒有可能讓我們開始做一些原本做不到的事？」這兩種判斷背後的差異，是你在選擇一個

第一章　看對人：選才的決策判斷

執行者，還是在找一個能為組織開出新選項的夥伴。

LinkedIn 創辦人里德・霍夫曼（Reid Hoffman）曾在《結盟》（*The Alliance*）一書中談到，企業真正需要的人才，是能推動任務進化、讓公司看見未來方向的人。他們的價值，不只在於能勝任流程，而是有能力重新定義整個運作方式。

但這件事有一個前提，那就是你必須知道自己真正缺的是什麼。是缺一個能夠穩定處理流程的人，還是一個可以在混亂中重新定義任務的人？是缺一個能夠執行你已經想好的策略的人，還是缺一個能夠把策略落實轉成日常作業的人？當你自己都說不清楚需求的本質，就很容易把「會說出你想聽的話」的人，當成「能做到你要的結果」的人。

也有些主管是卡在另外一種狀況：不相信自己可以判斷。於是過度仰賴推薦信、過去公司背景，甚至某些你本來就熟悉的人脈。這類判斷依賴的背後，隱含的是一種自我防衛：萬一選錯了，至少我可以說「這不是我一個人拍板的」；或者「他的經歷大家都認可」；再不然，「他之前在ＸＸ公司做得不錯啊」。但現實就是，就算他之前做得不錯，也未必代表他現在適合你現在的狀況。

你現在的狀況，是什麼？有些主管根本沒認真想清楚。他們在意的是這個人能不能「比其他候選人強」，卻沒有問自己「這個人會不會補錯洞」。如果你選的是一個能說會

3. 決策盲點：為什麼老闆總是選錯人？

道、聰明反應快的人，卻讓他接手一個需要細水長流、穩定處理的任務，那就是位置錯誤。選錯人，不只是選錯人，也可能是「錯位」。

而錯位的人進來之後，最麻煩的是他會讓整體系統的節奏被打亂。其他人得花額外時間解釋、協調、補洞，最後可能會讓原本的團隊被拖慢。這時你才會意識到：你把他擺在了一個錯的節點上。

有些公司已經開始反思傳統選才過程中的盲點，並在制度上加入更多層次的驗證設計。像是軟體公司 Atlassian，在招募工程主管時，就不只看履歷和面談表現，更透過多階段面試流程，實際觀察對方在管理、溝通、解決問題等不同面向的反應。除了技術能力，他們同樣重視候選人在跨部門情境下的表現，像是在面對模糊需求、進度壓力或價值觀衝突時，能否展現出協作意願與適應能力。這樣的設計，不只是評估一個人「能不能做」，更在看他「能不能一起做」。

但是我們也不一定要做這麼複雜的制度才能避免選人盲點，有時候只要多做一件事：記錄自己每一次選人後的實際結果，半年、一年後回頭看，哪些人發展順利、哪些人中途偏離、哪些人一開始看來平平但後來成長飛快 —— 你會開始找出一個屬於你自己的「選人誤差模式」。

每個主管都有自己的判斷盲點：有些人特別容易被自信

第一章 看對人：選才的決策判斷

的人吸引；有些人特別欣賞和自己語氣接近的人；有些人則對「條理清晰」特別買單。這些都沒錯，問題是 —— 你有沒有發現它？你有沒有為自己的判斷設計「二次對照」的習慣？

我們無法完全避免選錯人，但是我們可以減少一錯再錯。

真正讓你成為好主管的，從來不是你有多會挑人，而是你有沒有辦法在選錯的時候，看見盲點在哪裡，並且不再重複踩上同樣的誤區。

第二章
用對人：搭配與角色安排

第二章　用對人：搭配與角色安排

1. 為什麼高手進來卻發揮不了？

當你終於招到一位你期待已久的「強者」時，心裡其實是鬆了一口氣的。你認真看過他的履歷，也在面談中感受到他的邏輯與氣場——是你會放心把一大塊任務交給他的人。他進來後，也確實沒有讓你失望：進度清楚、匯報有條理、主動性高。你甚至一度覺得自己終於可以不用再事事親力親為，團隊的整體戰力應該很快就能提升。

但是幾個月後，你發現這位「高手」的工作成果雖然還算穩定，但遠不如你預期中那樣亮眼。他不像過去那些帶不動的新人，但也不像你想像中那樣能主導進程、拉動周邊。他彷彿在一個剛剛好的邊界裡完成事情，但沒有讓整個節奏變快或更有力。

你開始觀察他的會議參與度，發現他話不多，偏向觀望；你試著問他對流程有沒有建議，他點點頭，但給出的意見偏保守。你有點困惑——這真的是當初那個主動表達、有見解的人嗎？

這種「沒問題，但就是差一點」的用人落差，其實是許多主管在實務中經常面對的情境。你選的人沒錯，條件也沒錯，但放進來之後卻像沒開機一樣，這時候的問題，已經不

1. 為什麼高手進來卻發揮不了？

再是選人,而是角色與環境的適配性。

很多主管以為,一個人如果過去表現很好,那他在新的團隊也應該可以表現得好。這個假設看起來合理,但卻忽略了「發揮」這件事並不是個人單方面的行為,而是與環境、節奏、角色期待密切相關。當一個人進入一個全新場域時,他首先面對的,其實不是「要做什麼」,而是「我能怎麼開始」。

曾有一家金融科技新創公司在招募資深產品經理時,從外商挖來一位背景漂亮、經歷完整的專業人才。他過去曾經帶領上百人團隊推動跨區域的系統整合案,也熟悉各種敏捷開發流程。公司內部對他的到來充滿期待,覺得有他在,產品線的進度與邏輯應該可以大幅優化。

但是幾個月後,進度依舊卡關,團隊成員的反饋也開始出現問題:「他問的問題太高層了,我們還沒做完底層邏輯」、「他開會的節奏太快,大家來不及對齊」。主管也感到不解:「這麼有經驗的人,怎麼連基本協作都推不起來?」

後來他們才發現,這位資深人才雖然能力無虞,但他過去熟悉的是「規模明確、資源完整」的大型團隊節奏,一旦進到這種邊做邊調整、流程未定的小型新創環境,他反而不知從何下手。他在等一個可以推動的系統,而這裡給他的,是一個尚未成形的框架。

第二章　用對人：搭配與角色安排

這裡的錯誤，不在他身上，也不在主管身上，而是在於彼此對「角色」的理解不同。主管以為他來了就能拉高整體進度，但他則以為自己要先理解整體邏輯再下手，結果雙方在「誰該啟動什麼」上產生了模糊地帶，而這樣的模糊，就是高手無法發揮的原因之一。

另一種常見情況，則是「角色定位過於狹隘」，讓本來有發揮能力的人被框進了一個「只要顧好這一塊」的窄角色裡。他有想法，但你只要他照做；他看到問題，但你只問他做完沒。久而久之，他的主動性會收起來，只留下「達標」的外殼。

這是許多主管不自覺會犯的錯 —— 你花很多力氣招進來一個強者，卻在安排任務時，給了他一個「可預測但無發揮空間」的位置。你想讓他幫你分擔，但你沒有讓他參與定義；你期待他主動，但你沒有釋出足夠的共創空間；你認為他進來應該馬上能上手，但對方其實還在適應你的風格與回饋頻率。這中間的落差，正是導致發揮卡住的起點。

還有一種更難察覺的情況，是你其實沒有「把他當一個新進者」來帶。因為他資歷深、來頭大，你在入職初期不太敢給太多意見，也不太說明細節，讓他自己「看著辦」。但是對方一進來就被迫進入半獨立狀態，反而失去了理解組織運作脈絡的機會。他可能也不敢多問，怕問太多會顯得他不

1. 為什麼高手進來卻發揮不了？

夠專業。最終,他沒有在最初那幾週建立起足夠的關係網,也沒有對「你希望他怎麼影響團隊」有具體理解,只好選擇安全執行。

這種「高手變中手」的過程,往往是慢慢發生的。你一開始還會幫他找藉口,說是尚在適應期,但半年、一年過去,你可能會開始懷疑他的價值,甚至覺得:「還不如當初另一個總是在問問題的新人。」

這時候最重要的,不是急著調整對方,而是回頭問自己三個問題:

1. 我給了他什麼樣的角色期待？是實際任務,還是模糊想像？
2. 我是否讓他足夠了解團隊的脈絡與習慣,讓他知道該從哪裡下手？
3. 我安排的任務,能不能讓他看到貢獻與價值的關聯性,而不只是完成進度？

這些問題說起來簡單,但在日常節奏中卻很容易被忽略。你很忙,他也很忙,等到你發現他沒發揮時,雙方都已經各自形成了一套「自我防衛邏輯」:你覺得他沒有主動,他覺得你沒有說清楚。這種彼此靜默的狀態,才是最難打破的。

那麼,主管到底可以怎麼做？

第二章　用對人：搭配與角色安排

首先，是在一開始就設計「角色啟動儀式」。不單單只是交接清單或工作說明，你也要讓對方明確知道：「你在這個團隊裡，最重要的不是完成什麼任務，而是創造什麼樣的價值。」例如，你可以在前兩週安排一對一對談，釐清他的理解與你對他的期待有沒有落差；也可以請他和不同部門對接，快速建立觀察角度與協作節點。

其次，是不要假設一個有經驗的人就不需要引導。很多高階職人其實比初階員工更需要「文化翻譯」與「節奏對齊」的幫助，否則他可能會帶著過去的預設進入全新的場域，卻不知道哪些東西可以調整、哪些需要重新學習。

最後，也是最容易忽略的一點，是你有沒有在他進來後，持續地給予「有意義的挑戰」。高手需要成長感，也需要能影響系統的任務。如果你只給他繁雜瑣事、只讓他擔任協調角色，那麼你要他發揮的期待，其實與你給他的任務本身就已經背離。

一個人能不能發揮，從來不是單方面的問題。它是一連串角色安排、文化適應、任務設計與回饋系統共同運作的結果。當你願意重新整理這些結構，你就更有可能讓真正的高手，在你這裡發光發熱。

2. 人與人是配對，不是拼裝

你大概也聽過這樣的說法：「每個人把自己的事情做好，團隊自然就會順起來。」這句話聽起來合理，但是真的進到現場，你就會發現它其實沒這麼簡單。因為人與人之間，不是拼圖。你不能只管形狀合不合，還要管兩塊拼起來會不會破壞掉整個畫面。

有些團隊看起來什麼條件都齊了：有策略、有行動派、有資深經驗、有創意腦袋，但組合起來卻總是推不動。每個人能力都不錯，該交的東西也都有交，會議照開、回報準時，但就是感覺不到那種「有節奏的推進感」。

這時候，問題不在個體，而在於搭配方式。

某家教育科技公司在疫情期間組了一支特別小組，任務是要在兩個月內完成線上學習平臺的重構。因為任務緊急，主管幾乎是以「最強人選清單」的方式拉人：技術長派出最資深的系統架構師，行銷部門提供數據分析首席，內容部門指派一位擁有最多教案經驗的老師，產品部門則送來一位邏輯嚴謹、執行力強的產品經理。

乍看之下，這是個夢幻組合。每個人都很清楚自己的領域，也都有話語權和影響力。團隊啟動會上，大家看起來都

第二章 用對人：搭配與角色安排

頗有戰意，甚至彼此稱讚對方過去的成績。

但是三週後，問題出現了。

系統架構師提出一套架構轉移方案，但是產品經理認為操作流程過於複雜，不符合教學邏輯；內容老師強調教學內容需要更多互動設計，但是行銷分析部門認為互動功能對於轉換率幫助不大；會議成了各自立場的交鋒，每個人的觀點都合理，但是沒人願意退一步讓事情往前走。

主管開始覺得奇怪：這些人過去明明都有成功經驗，也不是難溝通的人，為什麼組在一起就卡住了？

原因其實很簡單，他們過去的成功，多半是在自己熟悉的節奏與語言系統裡產生的。一旦碰上不同部門的合作，彼此的邏輯就開始出現摩擦。這並非真的「個性不合」，而是工作風格與決策習慣沒對上頻率。

這就是「配對」的概念。

一個有效的團隊組合，不只是能力互補，更是風格不衝突、角色邏輯相容。你安排再強的個體，如果他們的資訊處理節奏、決策語言、任務切入角度完全不同，就算彼此都有善意，也會在每次協作中耗掉大量能量。

主管的困難在於，這種問題很難在面試或履歷上被看出來。你看到的是他的技能、資歷、過往成果，但「互動風

格」這件事，只有在實際搭配時才會顯現。

有些人偏向「抽象整合」型，習慣先建立邏輯架構再展開行動；有些人則偏向「行動迭代」型，喜歡邊做邊修、邊說邊改。兩種人其實都沒有問題，但如果你把他們放在一組，要推進一個節奏緊湊又需要協調的專案，那很可能會出現這樣的畫面：

- A 想先把結構想清楚才開始動，但 B 認為「我先做一版你再看」；
- A 覺得 B 不夠謹慎，B 覺得 A 拖太久；
- A 開始退縮，B 開始繞過 A，最終變成一個人默默推、一個人邊修邊抱怨。

這種錯配是因為你在安排任務時，沒有設計好合作關係的接合點。你只看任務要交什麼，沒有設想「這兩個人搭在一起，會不會互相牽制」。

也有些主管會犯另一種錯，就是只看表面角色分工，沒看內在決策習慣。例如你以為一個主導策略的人搭一個擅長執行的人是「天作之合」，但你忽略了這兩個人對「完成度」的定義不同。

主導策略的人可能覺得：「先把方向定出來，細節再慢慢補。」執行者則認為：「你給我的東西要完整，我才能行

第二章 用對人:搭配與角色安排

動。」結果方向來了,內容沒齊;行動被催了,但條件沒備齊。彼此的落差在每天的工作對接中慢慢變成挫折,最後連基本的回報都出現冷場。

這時候主管才會開始懷疑:「是不是他們兩個不對盤?」

但其實他們沒有不對盤,只是不熟悉彼此的作業語言。如果你事先做過「角色溝通預備」,讓彼此理解彼此的節奏偏好與行動慣性,這些問題其實可以事前減少。

那麼,我們到底該怎麼「配對」?這裡有三個思考方向,可以幫助你從「人力拼裝」轉向「互動設計」。

第一,觀察互動中的習慣張力,而不是表面角色搭配

不要只看一個人會什麼、負責什麼,你要看他在日常溝通中習慣什麼。他講話的語氣是直覺派還是邏輯派?他是喜歡邊講邊想,還是習慣想完才說?他是預設先承接任務,還是預設先挑戰問題本身?這些互動習慣決定了他能不能在一個組合裡「配得起來」。

第二，釐清任務的合作密度與決策需求

有些任務是高頻協作型，像是產品規劃、企劃創意、客戶策略調整；有些任務則偏向獨立交付型，像是數據分析、系統建置、流程整理。你安排的人選要根據這個需求去組合：高協作型的人如果被擺進獨立任務，他會覺得格格不入；喜歡安靜處理的角色若放進高互動的組合，則會覺得被快速消耗。

第三，預設「彼此不懂」是一種常態，而不是問題

不要假設兩個厲害的人一定會自動搭得起來。相反地，你要預設「他們需要一段熟悉彼此語言的過程」，然後幫他們設計那段過程。像是初期一起拆任務、一起設里程碑、一起寫協作說明，這些看起來多餘的工作，才是讓他們之後能高效配合的地基。

這些都不難做，難的是我們很容易在忙碌中忽略掉它。你急著上線、急著交成果、急著讓每個人「看起來在工作」，於是把人拼起來就開跑。但沒有配過頻率的人，只會

第二章 用對人：搭配與角色安排

把原本的節奏搞得更亂。

配對，不是照履歷配，也不是靠印象配，而是要根據「這個任務現在需要什麼樣的互動方式」，去設計出彼此能協作的節點。這種設計不能靠制式的制度，也不能靠人資系統自動分析出來，靠的是主管自己在帶人、觀察、修正中慢慢長出來的一種「組合感知」。

當你願意多看一點互動中的細節、多問一點搭配上的落差，你就會發現，有時候不是人不行，而是他沒有被放進能發揮的組合裡。這時候，換一個搭法，整個團隊的節奏就會不一樣了。

3. 任務與性格的對位思維

有時候,一個人不是做不好,而是他「不適合用這種方式做這件事」。這話聽起來抽象,但你可能早就經歷過類似情況:你給了一項任務,排好時間、說明流程、提供資源,對方也的確盡力完成了,但交出的成果卻總讓你皺眉。他做得吃力,你看得焦慮,整件事卡在一種說不清的「差一點」裡。

主管這時常會問自己:「是不是我交代不清楚?是不是他理解有誤?是不是這個人協作配合得不好?」但真正的問題,也許不在這三個假設裡,而在第四個你可能沒想過的可能性中 —— 這件任務的操作方式,根本不符合這個人的性格節奏。

所謂性格節奏,不只是他外在給人的印象,而是他在工作中「傾向怎麼啟動」、「怎麼決定事情」、「怎麼處理資訊」的內建反應邏輯。你可能看到一個人很冷靜,卻不知道他其實需要高度掌控才能產出;你可能以為一個人很積極,但他的積極只存在於短期衝刺,面對長線規劃則容易鬆動。這些差異,在表面上不容易觀察到,但一旦跟任務特性錯位,就會快速放大彼此的不適應。

第二章　用對人：搭配與角色安排

　　錯配有時候不是明顯的不適合，而是那種「每一步都略嫌不順」的感覺。你看得出他有能力，也感受到他的努力，但就是無法順利推進。而你若只看結果，很容易對人產生誤判；只看過程，則可能高估問題的可修正性。這種錯配之所以難以處理，是因為它像慢性疲乏，不像突發錯誤那麼明顯，但累積久了，卻可能讓團隊效率整體下降，甚至讓當事人對自我價值產生懷疑。

　　你讓一個細膩安靜、習慣反覆雕琢的人去跑高頻回報、邊改邊推的行銷活動，他會覺得每天都像在應付災難現場；你讓一個衝勁十足、偏向直覺決策的人去處理複雜制度的建置案，他前期會看起來很有熱情，後期卻進度落空、頻頻出錯。這便是你安排的人的性格對不上你給他的工作內容。

　　有位創業團隊的創辦人分享過一段經驗。當時他們公司正準備擴大業務線，於是從外部找來一位履歷亮眼的專案經理。這位新同事邏輯清楚、條理分明，面談過程中也展現出高度專業。團隊最初相當期待，安排他負責一項需要跨部門協調、時間緊湊的產品上線案。

　　但是不到兩週，問題就冒出來了。協作進度總是延遲，各部門回報「找不到窗口」、「資訊整合太慢」。主管約談後才發現，這位新進同仁把每一次跨部門對接都當作正式提案，事前準備簡報、列齊資料、安排正式會議流程，甚至還

3. 任務與性格的對位思維

會先寫一封預告信說明會議內容。他的邏輯沒錯，但是做法過於完整，導致原本該快速互動、邊做邊調的流程被拖慢。

後來他們調整做法，讓他轉往負責內部流程優化專案——一個需要耐心整理、慢工出細活的任務。結果不到一個月，他就交出一套全新的工作指引手冊，還幫公司建立了第一次的內部知識庫。大家才真正明白：這個人有能力，只是一開始讓他做的事類型不對。

我們常說「放對位置」，但是真正的關鍵，不只是職務本身合不合，而是這個任務的操作方式、節奏需求、風格邏輯，與這個人的性格是否對得起來。

性格不是個性測驗上面的幾個選項，更是這個人在面對壓力時的反應偏好、在不確定中如何處理資訊、在日常合作中如何解讀他人的語氣與行動。他是傾向獨立處理，還是習慣先求共識？他是先行動再思考，還是喜歡多問幾句再開始？這些都會直接影響他對任務的處理方式。

舉例來說，有些任務是「模糊型」的——像是開發新專案、進入新市場、建立新制度，這類任務沒有明確答案，需要先探索、再聚焦、然後迭代修正。這種任務適合的，是能承受模糊、對不確定有好奇心、願意一邊修正一邊前進的人。

而有些任務是「標準化型」的——像是品質管理、流程

第二章　用對人：搭配與角色安排

設計、合約審核、後勤協調,這類任務講求準確、細節、一致性,適合的是習慣計畫、重視秩序、思路縝密的人。

你把喜歡探索的人放進高制度密度的環境,他可能會失去興趣;你讓追求完美的人去跑市場拓展,他可能會一直卡在第一版簡報寫不完。在安排任務時的關鍵,便在於有沒有對準他的行動節奏與處理偏好。

有一家公司曾經在拓展營運時,安排一位內部升遷的主管去接手新開發區的營運負責人。這位主管原本在公司內部表現極佳,擅長把複雜系統整理成清楚的流程,也是同仁眼中的「穩定核心」。但到了新開發區,他開始感到無所適從。地方文化不同、夥伴關係未建立、每天都有突發狀況,沒有章法也沒有可依循的 SOP。他逐漸感到壓力,開始頻繁向總部請示細節,甚至每週都回報「需要更多支援」。半年後,公司讓他回到內部流程管理線,並轉派另一位性格更開放、擅長臨場判斷的同事接手。

角色與性格對不準,就會導致整體偏差。

那麼,主管要怎麼判斷「誰適合什麼任務」?

第一個關鍵,是觀察他在不熟悉任務時的反應行為。有些人碰到新東西,會自然地先動手嘗試,再邊修邊調;有些人則需要先問清楚、先整理邏輯、先確認流程,才有辦法啟動。前者比較適合在快速變動與創新場域,後者則在需要穩

3. 任務與性格的對位思維

定與整合的任務中表現更好。

第二，是看他怎麼對待壓力與時間。你可以問問他過去處理突發狀況的經驗，也可以觀察他在多線任務中如何安排順序。能同時處理多變任務的人，通常在組織中需要扮演前線的連結角色；而擅長時間控管與資訊歸納的人，則更適合在中段收束或支援任務上發揮影響力。

第三，是問自己：「這個任務的成功，最需要什麼樣的行為特質？」是臨場判斷？快速協調？還是耐心整理？這個問題的答案，會直接決定你該選哪種節奏的人去處理。

有時候，任務對人性格的需求並不明顯。但當你願意多想一步，任務的「隱性邏輯」就會浮現出來。例如，一個專案可能表面上只是負責協調，但實際上是「處理各方衝突與意見分歧」的過程，那麼你就不能找一個怕衝突、習慣維持和氣的人去帶。這樣的性格，會讓整個專案在每一次碰撞中退縮，最終變成「誰都不開心」的結果。

主管的任務設計，不只是把任務切開，更是「讓對的人處理對的挑戰」。當你把性格與任務對位對準時，你會發現，很多過去讓你頭痛的問題自然消失了：回報變得清楚、進度變得穩定、彼此的理解也順了起來。

所以說，帶人不是靠猜，也不是只看表現。真正懂安排的人，會從人的行動邏輯、處理慣性與互動節奏去理解：這

第二章　用對人：搭配與角色安排

個人，在什麼樣的任務中會自然地變好；又在哪些情況下，他會持續地消耗。

把人放對了，事情自然就對了。

第三章
帶對人：激勵方式與溝通風格

第三章　帶對人：激勵方式與溝通風格

1. 每個人都有想被對待的方式

你大概也有過這樣的時候：同一件事，你用同一種方式交代，對 A 來說是明確的引導，對 B 來說卻像是一種打擊；你給 A 建議，他覺得你有帶方向，而你給 B 建議，他覺得你在否定他。你一頭霧水，明明是同一套做法，為什麼結果落差這麼大？

答案是：每個人都不一樣，尤其在被帶領、被引導的方式上，有著比你想像中更大的差異。

主管最常犯的一個錯，是以為「只要我是真誠的，就可以複製我的帶法到每個人身上」。你喜歡快速對話，於是每次指派任務都用一句話講完；你覺得即時回饋重要，於是每次對進度都立刻發表意見；你希望下屬主動，就把每個細節留給對方自由發揮。這些做法本身沒有錯，但如果對方不習慣這種方式，他接收到的可能不是信任，而是不確定感、被挑戰、甚至壓力。

有一位設計總監分享過一段經驗。他底下有兩位資深設計師，一位創意強、節奏快，但細節不多；另一位邏輯清晰、執行穩定，但需要完整說明。他曾經想要兩人一起開發一個新專案，於是先找快節奏的那位討論，畫了幾張草圖就

1. 每個人都有想被對待的方式

說:「你先跑一版,我明天給你看初稿。」隔天,他又找穩定型的那位說:「你再幫我想一下文字規劃,配合他這一版,明天看看怎麼整合。」

結果那位穩定型設計師當場沉默了幾秒,然後說:「所以現在是我配合他的進度?但我還不知道你想傳達什麼,也沒看到概念草圖。」總監這才意識到,對方需要更完整的資訊,才能啟動工作,也需要明確感受到「自己不是配角」。

這個落差,來自於他以為每個人都能「自由延伸指令」,但忽略了有些人需要「先釐清原則再行動」。他自己是前者,所以在與創意型設計師互動時一拍即合,卻在另一位身上碰了壁。

不同的人,對「被引導」有不同的心理結構。有人習慣模糊中摸索,有人需要明確目標才啟動;有人喜歡即時口頭交流,有人習慣書面資訊消化後再回應;有人重視自主空間,有人則希望事前對齊細節、降低修正成本。

這些差異如果沒有被看到,你給出去的每個決定與語氣,都可能被誤解成別的意思。

當你說「沒關係,你自由發揮」時,有些人會感到被尊重,有些人會覺得你放棄了引導;當你說「這段你要快一點交上來」時,有些人會覺得是對他的激勵,有些人會解讀成你對他不滿。你不覺得自己在施壓,但別人可能已經感受到

第三章　帶對人：激勵方式與溝通風格

被推著走。

這就是為什麼領導不是「用自己習慣的方式對人」，而是「找到對方接收訊號的方式，重新調整自己的語言節奏與行為範圍」。

你不一定要改變性格，但是你需要懂得「對話的翻譯」——把你的期待，用對方能理解的語言傳達；把你的信任，轉換成他需要的形式讓他感受得到。

有一位在大型餐飲集團工作的營運主管，曾經提到她怎麼從「帶人卡關」到「找到對位方式」的轉變。一開始她用的方式很直接：交代明確、節奏快、要求高，因為她自己也是這樣一路衝上來的。對某些店經理來說，這樣的作風是高效率的，但是對另一批資深店經理來說，卻變成一種隱性壓力。

後來她開始一個一個找這些資深店經理約談，並沒有急著推進新制度，而是先請他們講講現在的作法是怎麼來的。她發現，很多看起來不合理的流程，其實都有歷史脈絡。有的改過三版，是因為之前遇過客訴風暴；有的是當地門市員工自己測試出來的順序，比總部原本的版本更能節省備料時間。這些細節平常沒人說，但只要有人願意聽，他們就會打開話匣子。

她開始理解，這些人不是排斥改變，而是擔心自己的經

1. 每個人都有想被對待的方式

驗會被一筆抹煞。如果新制度完全照著總部版本推，他們的調整就會顯得沒價值。也因此，她改變了做法：每次要推新項目前，先讓門市端提出他們現行的版本，再針對重疊處或痛點做調整，而不是直接給一套方案要他們照做。她用「先讓對方說完」的方式取得了共識，接下來提出調整時，對方不但配合，還會自己提供優化建議。

這個轉折的關鍵不在於放軟態度，而是她學會了「對方想要被怎麼對待」。

你不能只用自己的語言說話，還要練習用對方的語言聽。領導是一種訊號對頻的過程，不是單向輸出。

那麼，主管可以怎麼做，才能找到每個人想被對待的方式？

第一，是觀察反應，而不是只看結果。當你交代事情時，對方是立刻啟動？還是會問很多細節？他回報的頻率是自動的？還是等你追才動？這些互動模式裡，藏著他慣用的思考與回應邏輯。

第二，是在對話中給出空間，讓對方表達他的理解與偏好。你可以這樣問：「你會希望我怎麼介入比較有效率？」、「如果你發現有狀況，是希望我先讓你處理，還是直接進來協助？」這類問題看似簡單，卻能打開「我怎麼被領導」這件事的討論。

第三章　帶對人：激勵方式與溝通風格

　　第三，是記錄你帶人時的回饋模式。哪些人被你肯定後會更有動力？哪些人需要被提醒細節？哪些人在壓力下反而變得遲鈍？這些資訊是你個人的「領導使用手冊」，可以幫助你在團隊擴張後更快調整風格。

　　而最重要的是，別以為每個人都希望被「鼓舞」。有些人要的是陪伴的穩定感，有些人要的是清楚的規範，有些人甚至只要你給他足夠空間，不去干擾他的節奏就好。

　　如果你只會激勵，卻不會調頻，那你在帶人時很可能只會有效一半。真正的帶人能力，不是「我怎麼說」，而是「他聽到什麼」。而「他聽到什麼」，又取決於他是誰、怎麼理解你、過去受過什麼對待、當下處在什麼狀態。

　　心理學家卡爾‧羅傑斯（Carl Rogers）曾提出一個重要的關係觀點：真正的理解，是你願意暫時放下自己的視角，去看見對方的世界長什麼樣子。他稱之為「進入對方的感知世界而不評斷」。這種觀點原本來自諮商關係，但在組織裡，其實對主管也同樣重要。當你能從對方的立場出發，暫時不急著解釋、不急著介入，先努力理解，你和人的連結，才會是扎實的，而不是單向的期待與投射。

　　帶人這件事，沒有一種標準手冊可以照本宣科，也不會有一套說法適用所有人。領導的關鍵，不在話說得多漂亮，而在於你願不願意花時間去理解對方回應的方式與節奏。一

1. 每個人都有想被對待的方式

個人願意配合的原因,是他感受到你願意理解他的立場與邏輯。

管理是搭建出一種能讓人展現行動意願的關係模式。好的領導者,不是話語最強的人,而是最能根據對方狀態調整方式的人。知道什麼時候要退一步傾聽、什麼時候該給一點方向、什麼時候讓對方自己找出節奏。每個人的反應都在給你線索,關鍵是你有沒有把這些微小訊號當真。

當你開始這樣做,你會發現「帶人」不再只是責任和紙上談兵的技巧,而變成了一種專業。真正成熟的領導感,來自你知道怎麼讀懂一個人,並用對方聽得懂的方式,引出他願意走的那條路。

第三章　帶對人：激勵方式與溝通風格

2. 績效背後，是被理解的感受

有一天，你發現某位原本穩定輸出的同仁，突然開始回報變慢、會議參與度降低、任務完成得一板一眼，沒有錯誤，但也沒有亮點。你忍不住問：「他是不是沒以前那麼上心了？」

但也許真正的問題不是他「不夠努力」，而是對方開始懷疑：「我這麼做，有人看得見嗎？」

績效下滑，指的並非他的動作開始變慢，而是他「內心與任務的連結感」開始鬆動。一個人做得夠不夠好，表面上看是工作效率，但根本上其實是一種心理感受——他有沒有覺得自己在努力時，有人理解他為什麼這樣安排？他的處理方式有沒有被看見、被信任、被回應？如果沒有，那麼就算表面再怎麼撐著，內在其實早就沒有繼續的動力。

主管常犯的一個盲點，是以為「有做出成果，就代表沒問題」，或者「只要數字好，那就是好員工」。但很多績效表現，其實是內在感受的延遲反映。你今天看到的冷淡，其實是前幾週的挫折；你今天收到的草率，其實是前幾次溝通中被忽略的累積。

有一位零售連鎖業的營運主管曾分享，他底下有位表現

2. 績效背後，是被理解的感受

一向穩定的區經理，突然在一季內的績效明顯下滑。過去是第一個提交報表、自己主動抓問題回報，現在卻常常到最後一刻才交，錯處也變多。主管本來以為他私生活可能有變化，私下詢問後才發現，那段期間公司推了一套新的評比機制，強調「促銷活動轉換率」，而原本這位經理最擅長的是「基礎客層維穩」。

他的確有努力，但是他的努力已經不被算進「好表現」的標準。過去他會依照地區特性做長期顧客維繫、設計常客方案、舉辦社區回饋活動，這些做法幫助他穩住了許多高黏著度的顧客。但是新制度上線後，這些成績在數字上看不見，也沒有對應指標會去衡量。久而久之，他感覺到自己做的事「不重要了」，就連他的意見也越來越少被採納。

真正讓他動搖的不是制度，而是沒有人理解他為什麼做那些事。他後來在一次主管會議中說了一句話：「我知道制度在改，但我有時候會懷疑，自己現在做的這些還算什麼。」

這句話讓上層主管警覺：原來他們在改制度的過程中，疏忽了「轉譯的工作」。他們以為自己只是調整評比方式，但對現場的人來說，那是一種訊號——你做的那些事，我們不再重視。

績效是行為的結果，但行為是感受的延伸。如果你看不

第三章　帶對人：激勵方式與溝通風格

到員工的心理感受，就很容易誤判他的工作狀態；你看到的是動作，但動作背後的邏輯與溝通，其實才是你該回應的對象。

另一位在金融業工作的中階主管也有類似經驗。他手上有一位資深業務員，客戶基礎厚，轉介紹率也高，但從不主動參與公司激勵方案，也不愛在群組中回報進度。新主管上任後不太習慣這種風格，覺得「這人看起來不太有團隊意識、不太積極」，多次在會議上點名他「缺乏競爭感」。

那位業務員後來選擇離開。他並沒有績效問題，甚至帳面成績依然穩定，但是在他離職前私下告訴同事：「我只想好好做事，不想每天都解釋我做事的方式。」對他來說，績效不再是被肯定，卻變成了需要「拿來證明自己沒問題」的負擔。這種被懷疑的感受，久了比工作壓力更令人疲乏。

你可能以為主管最重要的是提供指引、掌握進度、給予目標，但對員工而言，最具影響力的其實是，你能不能讓他覺得「我這樣做是有意義的」，而不是「我只是要證明我沒錯」。

激勵不是標語，而是一種持續的關係回應。當你讓一個人覺得他的做法被理解，他才會對「繼續做下去」這件事有信心；當你只是針對數字評價，他可能會一時配合，但久了就只會做「能被看見的部分」，而放棄那些沒有量化，但對

組織而言其實也很重要的努力。

那麼，主管可以做些什麼？

第一，是在評估績效時，
適當加入「行為脈絡的對話」

例如你可以這樣問：「這段期間你最投入的部分是什麼？有沒有什麼做法你覺得很有效，但不一定在數字上被看出來？」這樣的提問可以讓員工說出「被忽略的貢獻」，也讓你看到哪些努力值得重新定義標準。

第二，是讓「理解的回應」
成為日常管理的一部分

你不一定要大張旗鼓地讚美，也不需要每次都給意見，有時候一句「我知道這件事你花了很多時間」，就比績效數字來得更具連結感。很多主管以為要激勵人就要找話講，但其實真正被激勵的人，是在他辛苦的時候有人懂他不是隨便交差。

第三章　帶對人：激勵方式與溝通風格

第三，是在制度設計中留下
「彈性解釋的空間」

你可以設定評估項目，也可以保留「主管評語」、「貢獻備注」等自由描述欄，讓某些數字以外的價值有被注記的可能。一旦績效只被綁在數字的呈現上，大家就會把力氣放在「如何讓數字好看」，而不是「事情怎麼做才是最好的」。反而是在那些可以補充說明、留下注解的地方，主管才有機會看到更多過程細節，也更容易跟同仁針對做法進行討論。

最後，是一個觀念的提醒：不要以為績效是一種「人和制度之間的遊戲」，它其實是「人和人之間的關係折射」。制度定義績效，主管詮釋制度，而員工依你怎麼詮釋去決定他要怎麼做。

你怎麼評價一個人，他就會怎麼看待他自己在這裡的位置。你只看產出，他就會只交成果；你看過程與企圖，他就會開始說出他真正的難處與想法。這是績效的另一面，不在報表裡，而在你和他對話的空間裡。

人不是績效表上的一組數字，而是根據你的管理行為，開始做出某種選擇的活生生的人。你怎麼理解他，他就怎麼定義他自己在團隊中的角色。這是管理中最難的部分，也是一個主管真正能影響績效的地方。

3. 團隊文化取決於主管的回應

有些主管總在想:「怎麼打造出開放、主動、肯承擔的團隊文化?」但他們往往忽略了一件事 —— 文化不是用說出來的,而是靠回應形成的。

一個人會不會說真話、願不願意多做一點、遇到問題會不會挺身而出,從來不是因為你告訴他「我們要有責任感」,而是因為他曾經在這個環境裡,說出真話之後被好好對待、嘗試承擔後沒有被嘲笑、主動付出時真的有被記得。

主管的每一個回應,都在告訴團隊:「什麼樣的行為會被鼓勵?什麼樣的聲音可以存在?」

你怎麼對待問題,就決定大家面對問題時會怎麼行動;你怎麼回應不同的聲音,就決定了接下來誰還會開口說話。團隊氛圍的建立,從來就不是單靠會議上的激勵或海報上的標語,而是你在日常裡一次次的反應所累積出來的集體記憶。

一位在科技業帶領研發團隊的資深主管曾分享,他原本以為自己是一個很開放的人,常說「有問題就提、有想法就講」。但在某次例會上,一位工程師在簡報結束後舉手表示:「我覺得這個設計邏輯有些環節可以改簡化,但可能會

第三章　帶對人：激勵方式與溝通風格

跟目前流程有衝突。」他當下立刻回應：「這部分團隊其實討論過很多次，目前這個做法是比較穩妥的，先照既定流程跑比較不會出錯。」

這個回應看起來合理，言語中也沒有責備對方的意思，但那位工程師從此就很少再主動發言了。主管後來私下詢問他，他回答說：「我也不是一定要堅持自己的想法，只是試著看看有沒有其他可能。但是你那天的回應讓我感覺，已經有既定答案的狀況就不用提其他意見了。」

從那之後，主管開始反省自己每次的反應。他發現，自己雖然嘴上說「歡迎提意見」，實際行為卻習慣立刻給出結論，反而讓人覺得不被傾聽。他開始學會暫停、問回去：「你的想法有沒有可能整理一下，讓我們在下次會議中討論看看？」用這樣的做法給出一種「你的話有機會被納入」的訊號。

慢慢地，會議上提案的人變多了，不只是工程部，連原本沉默的產品與設計團隊也開始發聲。團隊的文化沒有換標語，但是氣氛開始改變。

文化的生成，不靠一次性發言，而靠日常反覆的回應。每一次你怎麼處理意見、怎麼對待提問、怎麼回應犯錯，團隊都在學一件事：這裡的規則是什麼？當下的情況是安全的嗎？這裡會給我發揮空間嗎？

3. 團隊文化取決於主管的回應

一位在大型出版集團工作的企劃主管也曾遇過這種「回應形塑文化」的情境。某次會議中，一位年輕企劃提出一個前衛的活動構想，打算把書展空間轉成沉浸式體驗，希望能吸引年輕族群。他在簡報前還先設計了一份草圖、跑了幾個案例調查，也請美術做了概念圖。主管聽完笑了笑說：「這想法很有趣啦，但我們現在資源有限，還是先聚焦在既定項目比較實際。」語氣很柔和，也沒有否定他，甚至最後還說：「下次我們如果要擴展，也許可以考慮這方向。」

但是會議結束後，有另一位資深企劃私下對年輕企劃說：「你很認真，不過你還太新，這裡通常不會真的做太跳的案子。」當下他沒有說什麼，但後來慢慢收斂了在會議上的提案力道。那份花了他不少時間做的簡報，在整個討論中彷彿只是個「有創意但不成熟的想法」，沒有被深入討論，也沒人問他調查怎麼做的。對他而言，那次不只是點子沒被採納，更像是一種提醒：你提的這些，對現在的工作沒有實質幫助。

主管事後回憶起來才發現，他忽略了一件事——當一個人真的投入心力想做出突破時，他期待的其實不是立刻通過，而是能被認真對待。那句「下次可以再提」，對對方來說並不是鼓勵，而是一次被擱置的訊號。

從那之後，這位主管學會不急著給回應，而是讓團隊

第三章 帶對人：激勵方式與溝通風格

有機會自己延伸。他開始在會議上這樣說：「這個點子我們先留下來，我們下週一起來想想看怎麼把它拆成可行的方案。」這句話的差別，而在於讓對方知道：他的想法被理解了，並且很有可能還會有下一步。

這些細節，就是主管最被低估的文化影響力來源。

你怎麼對待第一次的主動，決定了還會不會有第二次；你怎麼面對一次小錯，會讓人知道這裡是可以學習的地方，還是只要失誤就被貼標籤的場域。

很多主管花很多力氣訂制度、寫流程、設 KPI，但卻忽略了他們自己日常的語氣、表情、等待時間，其實更直接形塑了團隊的行為邏輯。

一個團隊會變成什麼樣子，往往不是看制度怎麼寫，而是看主管怎麼反應。

那麼主管該如何有意識地建立正向回應文化？以下是三個具體做法：

1. 放大對的行為，不只回應對的成果

很多時候，一個人嘗試改變、主動協調、提前回報，這些行為都很細小，不會直接反映在績效上。但如果這些行為

沒有人指出來、給回應,團隊就不會知道「這是好事」。你可以這樣說:「這次你在會議前先整理議題,幫大家省了很多時間,這很好。」這樣的句子會讓行為被看見,也會讓其他人開始模仿。

2. 回應問題時,先看懂背後的脈絡

當有人出錯、拖延、判斷失誤,第一個反應不應該是責備,而是問:「這次會變這樣,是哪個環節卡住了?」這樣的提問可以讓團隊知道:錯誤不會立刻被視為問題,反而可以當作調整的機會。這會讓人願意把問題說出來,而不是藏起來。

3. 對話中留下續航的餘地,而不是一次定生死

在會議、回報、檢討時,不要急著蓋章。你可以這樣說:「這方向我先理解一下,我們再來看看能不能調整到更可執行。」讓對話有多一點空間。文化的關鍵,是讓人覺得:講出來是有意義的。

第三章　帶對人：激勵方式與溝通風格

　　你回應什麼，團隊就會記得什麼；你不回應什麼，團隊就會開始自動忽略那些訊號。久而久之，文化就成形了 —— 它不是設計出來的，而是你平常怎麼回應別人的方式堆出來的。

　　別小看一句話的力道，也別忽略一個沉默的重量。真正決定這個團隊往哪裡走的，不是目標怎麼訂，而是你每天選擇聽誰、信誰、怎麼說話、什麼時候點頭。

　　帶團隊，不只是帶進目標，更要帶出一種「我們可以怎麼一起合作」的氣氛。這種氣氛不靠口號，卻靠你每一次的反應來慢慢培養。

第四章
放對人：授權與信任機制

第四章　放對人：授權與信任機制

1. 授權需要明確界線與可預期的回應

有些主管說自己很願意授權，但其實心裡總是忐忑不安，一邊叫部屬放手做，一邊又忍不住想介入細節、重新檢查每一步；也有些主管自認是在表現信任，實際上卻變成放任。他們以為不過問、不干涉是尊重，但對團隊來說，這樣反而像是被丟包，出了狀況也不知道該向誰確認、該如何重整。

這些問題的根源，不在於願不願意放手，而在於授權這件事從來都不只是「交出去」，更要有一套「怎麼回應」與「何時對齊」的設計。

真正有效的授權，從來不只是把任務往外推，而是清楚設計三件事：

1. 授權的範圍是什麼？
2. 決策的邊界在哪裡？
3. 回應的節點何時出現？

這三件事若不清楚，就容易讓部屬覺得：「我被丟在一個沒人管的狀況裡，出了事也不知道怎麼辦。」反過來說，

1. 授權需要明確界線與可預期的回應

主管也容易陷入:「我已經讓他做了,怎麼還是回來問我細節?」的錯覺。

一位在連鎖餐飲品牌擔任營運副總的主管曾分享,他曾經以為,身為中階領導者,最重要的就是放手讓分店自行運作,展現對現場主管的信任。他刻意不干預、也不追問細節,只要求門市每週回報一次營收與人力異動。

直到某一次,總公司接到一連串的顧客投訴,反映其中一家門市出餐延誤、員工態度冷漠。他原本以為只是個案,沒想到實地走訪後才發現,該店在過去兩週臨時缺人,班表全靠店長自己硬撐。這位店長因為不知道在什麼情況下可以向區主管通報,也不確定總部是否有資源支援。加上主管一直沒有出聲,讓她誤以為這些事「不值得打擾」。

那天他站在店裡,看著現場運作一團亂,員工忙得氣喘吁吁,卻沒有人知道可以怎麼向上反映。他心裡很清楚,這場混亂不是因為店長無能,而是因為他自己設計了一套「看似放手,實則斷線」的授權機制。他原以為的信任,卻變成一種默默切斷支援的情況。

那是他領導生涯裡最清楚的一次轉捩點。他終於理解:授權不等於不關心,真正有效的授權,是設計一套可以「定期確認」、但不會「隨時打斷」的工作節奏。

後來他將原本的每日進度回報,調整為「三日檢視一

第四章　放對人：授權與信任機制

次、每週共識一次」，並且明確定義哪些決策部屬可以自主拍板、哪些需要回報。他開始在門市間巡迴設定「固定開口」的機制，每家店每月固定一次區域輔導會議，有疑慮可以匿名提出。這樣的調整讓第一線主管安心，也讓他有節奏地掌握現場情況，不再陷入「事後救火」。

很多主管在授權上的最大誤解，是把「信任」等同於「不干涉」。於是他們用一種極端方式證明：「我不查、不問、不介入，代表我相信你。」但事實上，對多數員工來說，真正能讓他們穩定發揮的，不是被放任，而是被安排在一個明確的框架裡，知道自己該做什麼、不該做什麼、什麼時候需要回報、什麼時候可以決定。

一位擔任產品總監的主管曾經回顧自己失敗的授權經驗。那是一個跨部門整合專案，他把專案交給一位資深經理，原以為對方經驗豐富，應該可以獨立完成。他也刻意避免插手，讓對方自由發揮。直到最後一階段，才發現整合方向與初期策略有明顯落差，執行細節也未對齊其他部門需求。等他介入時，已經來不及重整進度，還得一邊補洞一邊安撫其他部門。

這段經歷讓他重新調整做法。他後來不再只用「交代一次就不管」的方式授權，而是與團隊約定「決策週期」與「檢視頻率」。例如：專案開始階段每三天對齊一次、進入執行

1. 授權需要明確界線與可預期的回應

期後每週檢視成果、跨部門決策需預留 48 小時彈性期以確保同步。他說:「這不是監控,而是讓彼此都知道該在哪些時候對齊方向、在哪些環節可以自行判斷,避免誤會,也能減少反覆修正的成本。」

授權的本質,是讓決策可以延伸出去,但不是消失在主管的視線裡。要讓團隊擁有主動權,前提是他們要清楚邊界、理解節奏,並知道什麼時候會得到回應。

更進一步來說,授權設計的好壞,還會直接影響責任感的建立。很多主管以為「既然已經交給你,那成果你要自己扛」,卻沒發現對方的內心可能在想:「但我當初是照你說的方向做的啊,怎麼現在出事又變成我要全扛?」

這種責任模糊的情況,往往是因為在授權當下,雙方沒有共同定義「什麼叫做授權成功」。主管以為對方理解目標,部屬以為主管會擔責;主管以為對方會主動調整,部屬以為自己只能照原本指示執行。

避免這種誤差的關鍵,是在授權當下就定義清楚:「這次你負責到哪個階段?過程中會遇到哪些不確定因素?你預期怎麼回應?我這邊預計在哪些節點介入協助?」這些問題不需要問得鉅細靡遺,但是要讓對方清楚知道:你有一套可以協助對齊與調整的支援機制,而不是只把任務交出去就不再過問。

第四章　放對人：授權與信任機制

一位主管曾說過一句話很值得參考:「授權不是交出去,而是我們在這件事上換了一種合作形式。」這樣的態度,會讓團隊知道自己有被放在一個被信任、也有結構支援的位置上。

當你願意花時間定義清楚這些邊界與節點,授權才不會成為風險的代名詞,而會是「讓對的人擁有發揮空間,同時保持組織穩定」的實際做法。

那麼,主管要如何在實務上設計出一套具邏輯的授權機制?以下是三個具體原則:

1. 先釐清哪種決策你願意放,哪種你希望保留審核權

別一開始就說「全部交給你」,而是要先區分哪些是操作決定、哪些是方向判斷。你可以讓對方主導執行流程,但保留跨部門協調或預算使用的最終核定。這樣做不會限制對方,而是提供他一個明確的操作區塊,反而更有安全感。

2. 制定回應節點，
避免臨時性插手打亂節奏

授權後的介入，若太過即時、太不預期，反而會讓部屬覺得「看起來放權，實際上還是你在管」。你可以明確告知：「我這禮拜會週四看一次簡報，如果中間有什麼需要討論的，可以整理後寫信或留訊息。」這種約定會讓溝通更清楚，也能避免雙方都陷入臨時抓交替的情況。

3. 在過程中給回應，
而非等結果才總結評價

很多授權失敗，是因為主管整段過程都不說話，等結果出來才說：「怎麼會變這樣？」這樣會讓部屬感到孤立。其實只要在關鍵過程中給一點方向確認、或是針對階段性成果提出具體觀察，就足以讓人感覺「我在做的事有被看到，也有機會修正」。

當授權變成一種設計過的流程，它就是一種組織節奏的建立工具。你不只給出任務，更建立了一套讓人可以持續對齊、持續調整、持續回應的框架。

第四章　放對人：授權與信任機制

　　有些人以為高績效團隊來自一群會做事的人,但實際上,高效的穩定更常來自一個「不用擔心做錯就被推責」的工作環境。這種環境是靠制度設計、溝通節奏與回應習慣一點一點累積出來的。

　　當授權變成有邊界、有節點、有回應的機制,主管才真正開始有餘裕處理重要而非急迫的事,團隊也才會開始學會自己站穩。那是能力的延伸,更是責任與信任的共構。

2. 信任的建立不靠「我相信你」

有些主管在交辦任務時,會加上一句:「我相信你可以處理好。」但對於接下任務的那個人來說,這句話有時候聽起來反而像是壓力,而不是支持。

真正讓人感到被信任的,不是單單說出一句話的態度,而是主管在日常互動中,是否讓人覺得「我有犯錯的空間、我提出困難時不會被否定、我完成任務後會被看見」。這些細節,才是信任感真正的基礎。

一個人會不會願意主動承擔責任、提出建議、或者接下更具挑戰性的任務,並不是來自他本身有多有責任感,而是因為他在這個環境裡,曾經獲得穩定而正向的回應。也就是說,他知道只要自己努力了、調整了,甚至是試過卻失敗了,主管依舊會看見過程,而不會只看結果,也不會在第一時間貼標籤。

一位在軟體新創公司擔任專案經理的中階主管曾經談到,他帶過一位很有潛力的後端工程師,起初工作上表現中規中矩,不太主動,也不常發言。主管原以為對方是個比較被動的人,直到某次專案卡關,這位工程師主動寫了一段測試程式送到團隊群組,建議大家嘗試調整資料結構,才快速

第四章　放對人：授權與信任機制

排除問題。

這個舉動讓主管意識到：他不是不願意參與，只是不確定自己提的東西「是不是會被接納」。從那之後，這位主管刻意調整溝通方式，每次開會前都先私訊對方：「等下有你的部分，我會留一段時間讓你說明一下處理過程。」這樣的安排讓這位工程師慢慢開始發言，也越來越主動協調不同部門的需求。

那位主管後來說：「我以前總以為要建立信任就是說『我相信你』，但後來才發現，其實是要讓對方知道你真的有注意到他，願意調整方式讓他發揮。」

信任不是單方面給予，而是彼此互動後自然產生的狀態。關鍵在於主管能不能創造這樣的互動環境。

在組織裡，信任常常是累積來的，但是崩解卻往往只需要一次。一位主管曾坦承，他曾經在一次評核會議中，當眾質疑某位同仁的專案成果。那位同仁其實已經連續幾週加班處理跨部門的溝通問題，但是因為最後成效沒有達到預期，他在簡報時語氣略帶保留。主管當場脫口而出：「這聽起來像在找藉口，不像有實際方案。」語氣並不激烈，但會後整組人都感受到現場的尷尬與冷場。

那位同仁從那天起，開始變得沉默，會議上不再主動發言，也少了以往的提案。主管幾次試著拉近關係，對方總是

2. 信任的建立不靠「我相信你」

以禮貌回應帶過。

直到某次部門要協調新流程試辦,這位主管特別請他協助規劃,並在開會前先走到他座位旁說:「這次如果你覺得哪裡不妥,請直接跟我說,不用擔心我們會不支持。」會議上,當對方提出意見時,主管刻意反問:「你剛剛提的那個流程節點,我們是不是可以再強化?」藉此將對話從防守變為討論。

經過幾次類似這樣的明確邀請與回應,對方的態度才逐漸回到原來的主動狀態。主管後來回顧說:「我當時以為我是在追問品質,但其實我破壞的是一個人願意說實話的空間。」

信任從來不是一種立場宣示,而是每天的對話、反應與選擇。這位主管開始理解,所謂「信任部屬」,是讓對方知道:「如果我遇到困難,有人會幫我釐清;如果我做錯,有機會修正;如果我表現好,會有人看見」。

這三件事,才是讓一個人敢承擔的心理基礎。

很多組織不是不想建立信任,而是誤會了信任的運作方式。主管常會說:「我當然信任他,不然怎麼會交給他?」但我們也可以換個角度問:「那他在執行的過程中,有沒有感覺你真的理解他在做什麼?」

第四章　放對人：授權與信任機制

當主管從頭到尾沒有給出任何回饋，也沒有過程中的參與，那對部屬來說，這不一定是信任，更可能是一種默默的切斷。

真正的信任，需要有以下幾個具體條件：

1. 可預期性：對方知道在什麼情況下你會出現、給回應，並且不會忽然翻盤。
2. 回應一致性：對同樣的錯誤、困難與成功，主管的反應前後不會出現落差。
3. 歷程可見性：不只看結果，也看到對方的努力與調整，並給予回饋。

這三件事，才是實質讓人敢承擔的信任條件。而主管能不能做到，關鍵不是說話語氣多柔軟，而是日常行為是否清楚、穩定、一致。

有家在亞洲經營快速成長的電子商務公司，曾經在團隊擴編階段做過一個內部訪談調查，詢問員工：「你是從什麼時候開始覺得自己被主管信任的？」最多人回答的不是「他說我做得好」，也不是「他交給我一個很大的任務」，而是「他願意聽我解釋為什麼有時專案會延誤，並且提供解決方法」。

也就是說，信任的感受來自於卡住的時候，對方並沒有馬上責備，而是想了解原因，然後一起找方法。

2. 信任的建立不靠「我相信你」

　　從這個角度來看，信任的建立根本不靠「我相信你」這句話，而是靠一種可回應、能溝通、願意釐清的互動節奏。主管如果只在成果發表時才出現，在過程中完全沒有參與，那麼下屬就會逐漸把事情「做到讓你不挑剔就好」，而不是「做到自己願意負責」。

　　主管想要建立一個真正被信任的工作文化，以下幾個日常實踐方式是非常重要的：

1. 在過程中給回應，不等到最後才評價結果

　　信任來自一種持續的「被看見」感，而不是只在最後一刻才被打分數。你可以說：「我知道你這兩週有做過幾次調整，這方向的修正是對的。」這樣讓人知道你有注意細節，也讓他敢繼續嘗試。

2. 不用每次都幫忙，
但要讓對方知道你在這裡

有時候只是回一句：「這個我看到了，有需要我會補位」就足以讓人穩定下來。不是要主管什麼都做，而是讓部屬知道他不是一個人在承擔。

3. 對於不同的錯誤，
區分「可接受」與「該提醒」的界線

建立信任的過程中，主管一定會看到各種落差，但不是每個都要糾正。有些是成長中必經的試錯，有些則是觀念偏差要即時介入。這之間的區分能力，才是信任能否穩定建立的關鍵。

你說「我相信你」，對方也許會點頭，但真正讓他打開行動的人，往往是那個在他失誤時沒有立刻質疑、在他調整時給予肯定、在他需要時主動詢問：「這邊我可以幫你什麼？」信任建立在對方心裡能不能自然地推論出：「我做什麼樣的行動，你會有什麼樣的反應。」

當團隊裡的每個人都能理解主管的節奏與標準，知道什

2. 信任的建立不靠「我相信你」

麼情況可以提出建議、什麼時候該主動對齊、什麼問題可以被討論,那麼這個環境裡的信任感就會慢慢浮現。因為這裡的互動有規律、有邏輯、有尊重。

信任真正的價值,在於它讓人敢前進。你不需要每次都喊出那句「我相信你」,但你每一次怎麼回應對方,都會讓他知道,你到底是不是真的在跟他並肩而行。

第四章　放對人：授權與信任機制

3. 如何讓人做決策的同時願意扛責任

許多主管會問：「為什麼我已經授權了，對方卻還是什麼事都回來問？」或者更常見的是：「他決定了，事情卻出了問題，最後我還是得擦屁股。」

讓人做決策，和讓人對決策負責，從來就不是同一件事。前者關乎權限的開放，後者則是信任與結構的建立。真正成熟的主管，會設法讓團隊的人不只敢拍板，還清楚自己手上這個選擇背後連動的是什麼。他們知道，自己在完成任務的同時，更是參與整體運作的一部分。

許多管理者誤以為：「只要我說你可以決定，那對方就會自然願意承擔。」但實際情況常常是：部屬點頭說好，做的時候卻戰戰兢兢，甚至最後出錯還說：「我當時有問你，你也說可以啊。」這種現象的背後，其實便是責任感與決策空間之間的落差。對部屬來說，他手上被交付的確實是任務，但是他可能並不知道：哪些選項可以拍板？哪些後果需要預備？如果出錯主管會怎麼看待？而這些未知，會讓他在做出選擇時感到焦慮，甚至影響到他做出的選擇。

3. 如何讓人做決策的同時願意扛責任

一位在製造業服務十年的部門主管曾經分享，他接手團隊時，前任主管的管理方式屬於「無聲授權」：交辦任務時很果斷，但不太說清楚期望與底線。結果就是部屬們養成了「少做少錯」的反射，凡事都要回頭確認，即使主管嘴上說「自己決定就好」，也不敢真的落下關鍵決策。

他接任後，做的第一件事，就是設計一套明確的決策地圖。他把每個部門日常任務拆成數個層級，釐清哪些層級的決定可以由誰直接拍板、什麼類型的情況需要事前同步、哪些則可以事後通報。他還補上一個欄位：「錯誤容忍範圍」，意思是：在這個範圍內做錯，他會負責；超出這個範圍，需事先報備。

這樣的制度一開始讓團隊不太習慣，但是不到三個月，就大幅降低了「問可不可以」的次數，也提升了團隊成員對流程與結果的掌握度。他說：「不是讓大家什麼都自己決定，而是讓大家知道什麼是他們能決定的、能負責的。」

願意做決策，和能夠預測後果，兩者是連動的。當一個人知道自己做決定之後不會被突如其來地責備，或是被主管抽換方向，他自然就比較願意承擔。而這種穩定預期，其實就是責任感的土壤。

責任感不是一種道德特質，而是一種對環境回應邏輯的理解。也就是說，一個人如果知道自己行動的結果會被誰看

第四章　放對人：授權與信任機制

到、被怎麼回應、是否會被後續支援，那麼他才有可能開始為這個結果負起責任。

相反地，如果組織裡的邏輯是「事情出了錯就找人問責」，久而久之，沒有人會願意第一個說出決策建議。因為沒有人想當那個要為「團隊共識錯誤」負全責的人。

一位在科技業任職的產品副理就曾遇過這種狀況。某次產品方向討論，他提出一項優化建議，主管當場表示支持。三個月後因進度延誤，高層詢問責任歸屬，原本的主管卻說：「這個方向是他們產品自己提的，我是覺得還可以啦，當時沒特別反對。」這句話當場讓他明白，在這裡就算你有決策空間，也不代表背後有人撐你。

從那之後，他開始避免做主導性發言，回到一種「安全回應」的工作模式──只說不犯錯的話、只提不會被追責的建議。主管可能還認為他變得消極了，但實際上，他只是不想再被放在沒有支撐的立場上。

這類經驗在許多企業中並不罕見。關鍵問題不在於員工願不願意扛，而是主管有沒有提前清楚設計：「這個責任會怎麼分攤、出了狀況誰會支援、你提出的方案會不會被我公開支持。」

願意做決策的基礎，是知道這個決定不是自己一個人的負擔；而願意扛責任的前提，是知道就算失敗，也不會被推

到懸崖邊。主管能不能在制度與語言上建立這樣的結構，會直接決定團隊是否具備行動的勇氣與持續的動力。

以下是幾個幫助團隊「敢決策也敢負責」的做法：

1. 在決策前建立對齊空間，而非事後補救機制

與其等事情出錯再說「怎麼沒跟我講」，不如在初期就讓對方知道：哪些類型的決策需要先對過方向。你可以說：「你如果要改流程結構，記得先跟我說一聲，我會幫你看一下整體影響。」這樣一來，對方不只知道能不能決定，也知道什麼時候需要協助。

2. 用回顧代替追責，讓錯誤變成可學習的素材

每次任務結束後，不要只檢討結果，更重要的是討論：這次有哪些判斷是有效的？哪些選擇其實有更好的可能？主管可以先主動提出自己也曾誤判的地方，降低責備氛圍，讓「負責」不等於「受罰」，而是變成共同修正的過程。

第四章　放對人：授權與信任機制

3. 公開承認部屬的貢獻，也公開承擔關鍵決策的風險

在跨部門簡報、高層簡報或外部回報場合，主管要適時表達：「這個方案是我們整組一起定的，具體細節是 ×× 主導，他解決了不少卡點。」而當事情未如預期，主管要願意站出來說：「我當時也認可這個做法，現在有了結果，我會一起檢討。」這些話能大幅提升部屬願意參與決策的意願。

4. 認清每個人擅長的決策類型，不是一體適用

有些人擅長在模糊中做出直覺決定，有些人則適合在框架中微調最佳解。主管不能只因為「你有資歷」就要求一律承擔，而要觀察對方在哪種決策模式中發揮得最好，再從那裡擴展責任的範圍。這樣的安排才能讓部屬有自信，也更願意對結果負責。

在管理上，很多人誤以為扛責任是一種性格。但從組織設計角度來看，那其實是一種「能不能在有限的自主空間裡找到可承擔位置」的系統問題。如果你給了決策空間，卻沒

3. 如何讓人做決策的同時願意扛責任

有給支撐系統,那麼下屬做出選擇的同時,也會下意識預留退路,甚至避免站在最前線。

而如果你希望他們真的站出來,那麼你的行動也必須讓他們知道:他們不是一個人在面對風險。你對待錯誤的方式、你是否真的讓他有餘裕修正、你能不能在重要時刻公開認同他 —— 這些都會構成一種「我能否放心負責」的心理安全感。

願意扛責任,不是因為制度的強制規定,而是因為一個人心裡知道:就算我真的做錯了,也會有人陪我站在這裡,幫我一起找解方。這才是一種真正可持續的領導文化。

當你願意這樣做的時候,決策不再只是少數人的壓力來源,而是整個團隊開始參與思考、分攤推進的轉捩點。你也會開始看到,更多人願意主動出聲、提供解法、或在混亂中做出第一個選擇。因為他們知道,自己不是在孤軍奮戰。

第四章　放對人：授權與信任機制

第五章
管對人：績效追蹤與回饋系統

第五章　管對人：績效追蹤與回饋系統

1. 用對 KPI，建立穩定節奏

當 KPI 被提起，多數人腦中浮現的，不是目標對齊，而是壓力、盯數字、疲於奔命的月報會。這是因為 KPI 在組織裡被使用的方式，往往失去了原本該有的功能。

KPI（Key Performance Indicator）本意是幫助團隊掌握關鍵任務的進度與成果，但許多企業在實施 KPI 時，卻把它當作績效稽核與懲罰的依據，導致它成為一種高壓工具，卻失去了協助團隊推進工作與分配資源的原本功能。

主管常常希望用 KPI 來驅動績效，卻沒想清楚一件事：KPI 設下去之後，是否能真的讓人知道「我該做什麼」？更進一步地，「我該怎麼推進這件事」？

一位在大型零售通路擔任區域經理的主管分享，他曾經被交付一項任務：在三個月內將某類品項的業績提升 15%。總部設下的 KPI 是明確的，也有資源配套，問題是這項 KPI 被定義在每週檢視、每月結算的制度中，卻沒有人說清楚：這樣的提升應該來自哪些面向？是單價拉高？還是品項調整？還是促銷設計？各區經理各自解讀，結果每週會議充滿數據爭論，實際執行卻無明確協同方向。

這位主管後來決定調整方式。他重新設計了「週檢視指

1. 用對 KPI，建立穩定節奏

標」，不是只看銷售數字，而是拆解成三項進程指標——商品動線調整是否完成、試吃活動是否已啟動、客訴數是否變動。他說：「我發現與其盯著結果，不如把 KPI 拆成檢視點，這樣才知道每週我們該聚焦哪一件事。」

這樣的調整看似簡單，卻大幅改善了團隊的推進節奏。當你把 KPI 變成對話的節點，而非績效的壓力點，大家才會願意參與這個目標，也才會主動釐清自己的角色與貢獻。

很多主管在設定 KPI 時，心裡想的是「我希望他知道我要什麼」，但部屬接收到的，往往是「我不確定要怎麼達到才可以令他滿意」。這樣的認知落差，讓 KPI 變成一種不確定的監控工具，而不是合作的目標。

真正有效的 KPI，應該具備三個條件：具體指向任務、可分階段追蹤、能被團隊共同理解與討論。不是每個人都能一眼看懂指標背後的邏輯，因此主管的責任，是把 KPI「翻譯」成日常工作中具體可行的節奏安排。

一位新創行銷公司的執行長分享過他們曾踩過的坑。他們曾設定過一組簡單的指標：「每月新增客戶 20 組」，但在第三個月時，業務部門回報數字落後，開始出現內部推諉——有同仁覺得應該由產品部門優化介面吸引顧客，有人則認為行銷預算配置不足。

這位執行長後來意識到，問題在於這個指標沒有清楚地

拆解責任。他們後來重新定義:「每週潛在客戶清單數」、「每週提案數」、「每月成交率」—— 透過節奏性指標來分工,也讓各部門知道自己該負責哪個環節。這樣一來,大家不再追結果,而是同步節奏。

所謂的績效對齊,其實就是節奏對齊。你不能指望一個人在毫無節奏感的環境中,持續達成精準目標。好的 KPI,應該像是音樂中的節拍器 —— 讓所有樂手知道現在該演奏哪一段、下一段要準備什麼。

這樣的「節奏性指標」,有幾個實務上的設計重點:

1. 拆分指標類型,分清結果 vs. 過程

不是每一個 KPI 都要指向結果。你可以同時設立「成果 KPI」與「行為 KPI」,例如「成交率」與「有效提案數」並存,這樣才能在過程中即時調整。

2. 設立可對話的檢視週期，而非僅僅交差的回報日

如果 KPI 只出現在月報表中，那它的功能就只剩下「結算」。你可以改成每週 15 分鐘的 KPI 同步會議，讓每個人說出「這週的觀察是什麼」、「下週要調整什麼」，這樣的節奏更能對齊團隊步伐。

3. 每一項指標，都要能回推行動策略

所謂「能夠轉譯」，指的是：如果這項 KPI 本週未達標，大家知道可以調整哪些做法。如果指標異常，卻沒人知道該從哪裡開始處理，那麼這個指標就只是數字裝飾。

在一個文化比較成熟的科技公司裡，他們的 KPI 報表除了標示數字之外，還附上一欄「本週策略調整建議」，讓每個負責人不只是報數，而是寫下「我對這個數字的觀察是什麼、我想試著怎麼調整」。這不僅促進了反思，也讓主管看見部屬的主動性與思考脈絡。

我們也不能忽略一點：KPI 本身並不會激勵人，激勵的是人對 KPI 背後價值的理解與認同。如果你只是告訴他「這

第五章　管對人：績效追蹤與回饋系統

個數字要做到」，卻沒說清楚「為什麼要做到、做到之後會產生什麼變化」，那麼對方的行動就會流於應付。

一位餐飲品牌的營運主管曾提到，他們曾經為提升外送滿意度設定 KPI：「顧客五星評價率達 85% 以上」。一開始大家覺得壓力很大，因為客戶打幾顆星往往不是店員能控制的。但主管沒有只停留在 KPI 上，而是邀請團隊討論：「哪些服務細節會影響評價？我們有沒有哪些互動環節可以再優化？」

他們最後拆出了幾個關鍵行動項目：語氣訓練、餐點確認流程、道歉流程標準化。指標變成了一個「品質實驗」的起點，而不再只是壓力來源。

這個案例提醒我們：指標如果不能啟動討論，就只能產生壓力。如果一個人看到 KPI，只會問「這跟我有什麼關係」或「我到底該怎麼做」，那就表示這個 KPI 還沒有真正對齊團隊的節奏與語言。

身為主管，我們的任務不是設立指標，而是創造讓人願意對齊的節奏感。以下幾個問題可以協助你檢視手上的 KPI 是否具備這樣的功能：

- ◆ 這項 KPI 的異常，是否能被具體解釋？
- ◆ 團隊成員能不能說出「如果未達標，該做哪些調整」？

1. 用對 KPI，建立穩定節奏

- 指標是否能在週期性會議中產生行動對話，而非只是數字回報？
- 成員是否知道他自己的工作如何影響這項指標？
- 當這項 KPI 完成時，團隊會因此得到什麼具體成就感或資源認可？

當 KPI 成為合作的對齊節奏器，而不只是績效管理的標靶，你就會開始看到，團隊的動能不是來自強迫性的數字，而是來自知道「現在要做什麼」、「該往哪裡走」、「怎麼走得更順」。

一個能推動行動的指標，不是給壓力，而是給方向；一個成熟的主管，不能只會設數字，更要會設計出讓人願意一起前進的目標。

第五章　管對人：績效追蹤與回饋系統

2. 回饋是為了共同進化

在大多數人心中,「被回饋」這件事往往與被指正畫上等號。許多主管以為自己正在提供建設性的意見,但對收訊者來說,那更像是一場評價,甚至是無形的懲罰。

問題不在於要不要回饋,而在於怎麼回。當回饋只出現在錯誤發生之後,它就會被理解成「你做錯了,我來告訴你怎麼改」。但真正有效的回饋,應該是:幫助對方看見自己行為與結果之間的關聯,並引導他找到下一步更好的行動策略。

一位在科技業擔任部門主管的中階經理曾經提到,他過去最大的盲點,就是習慣「任務結束再來回饋」。每當同仁完成一件專案,他都會集中觀察細節,列出幾個可以改進的地方,在週會時一一說明。但是這種方式後來讓幾位團隊成員出現退縮反應,開始不太願意主動提出創新做法,因為「每次做完都會被挑毛病」。

後來他調整做法,將回饋從結案式的修正,轉變為過程中的參與。他會在專案進行一半時,主動找負責人聊聊:「你這次處理的流程我有看到,我想知道你怎麼想?」這樣的語氣不帶批判,也不急著提出結論,而是讓對方先敘述思考脈

2. 回饋是為了共同進化

絡，再一起討論是否有其他可能。

這樣的轉變效果非常明顯。原本容易出現防衛心態的同仁，開始主動詢問：「你覺得這個設計這樣調整合理嗎？」主管也更能在中段就修正方向，避免最後才面對成果偏離的困境。他後來說：「我發現回饋不是把錯誤找出來，而是讓對方知道，他的思考過程很重要，也有人願意一起討論。」

許多主管以為回饋是溝通技巧，其實它更像是一種思考習慣——你是把部屬當成執行者，還是當成思考的夥伴？當你只想告訴他哪裡錯了，他只會想避免被糾正；但當你讓他理解哪些做法產生了哪些結果，他才有機會修正並優化未來的判斷。

回饋如果沒有「關聯性」與「可行性」，就會變成純粹的情緒投射。像是有主管會說：「你這次的提案沒什麼亮點。」這句話模糊又抽象，不僅無法讓對方知道要怎麼調整，也容易引起防禦反應。相比之下，如果說：「你這次的提案架構清楚，但舉例部分比較偏向內部流程，可能對客戶來說不太具吸引力，下次可以多用一些客戶的語言來強化說服力。」這樣的語句才是真正具備回饋價值。

在實務上，具體的回饋可以遵循三個基本要素：
1. 行為觀察——描述具體可見的行為，而非主觀印象；
2. 產生的影響——指出該行為帶來的實際結果或反應；

第五章　管對人：績效追蹤與回饋系統

3. 可調整的建議──提供具體且可執行的改進方式。

這三個元素，能讓回饋從指責變成對話，也讓對方知道下一步可以怎麼做。

一位新創公司的設計主管分享，他習慣在每個專案後安排「回顧對談」而非「績效檢討」，會議重點不在於打分數，而是讓成員說出：「這次我學到什麼？如果重來一次，我會改什麼？」主管則從旁補充觀察：「我注意到你在客戶回饋不明確時，選擇先自定進度，這點是可貴的決斷力；但也許可以多設一個中繼點，讓客戶有機會早一點參與。」這樣的對談方式不會讓人覺得被批評，反而像是一次共同拆解經驗的過程。

好的回饋，不只是主管對下屬，而是雙向的。主管能不能接受回饋，也會影響團隊對溝通的安全感。一位主管曾回憶，自己早期帶團隊時，對於流程的建議總是第一時間反駁。有次有同仁提議簡化會議紀錄格式，他回應：「這樣不就會有漏洞？你有想過完整性嗎？」那名同仁沒有再多說什麼，但此後三個月內，幾乎沒有人再針對流程提出優化想法。後來他從一次 1 對 1 回饋中才聽到：「我們不是沒有想法，但不知道你有沒有想聽。」

他才意識到，自己「每次都要先駁回、再要求更完整的論證」，這讓人覺得提建議這件事是單純增加勞累感的無用

2. 回饋是為了共同進化

功。於是他調整策略,對任何流程建議先詢問動機:「你為什麼會這樣想?這樣做能幫上什麼忙?」這些提問讓團隊重新覺得「講出來是有機會被討論的」,開啟了後續的改善氣氛。

另一個容易被忽略的面向,是主管給回饋的節奏。太密集,會讓人有壓迫感;太稀疏,又容易讓人覺得被放生。最理想的方式,是依照任務進度安排「節點回饋」——也就是在關鍵轉折點給出具體觀察與建議,例如專案開始、第一次對外呈現、中段卡關、完成交付這幾個節點。

如果主管能在這些節點主動出現、適時回應,那麼部屬會更願意分享,也更敢試錯。因為他知道自己並不會總是被糾正,有時還會得到協助。

同樣重要的是:不是所有回饋都要立刻給出。有時候留一點空間,反而能讓對方有機會自我反思。一位帶領 BD 團隊的主管提到,他曾在一次客戶拜訪後,發現某位業務的提案策略過於複雜,當場沒有說什麼。回到辦公室後,他問:「你覺得今天的客戶回應有符合你的預期嗎?」對方猶豫了一下說:「我後來想想,好像講太滿了,沒留什麼空間。」這個自我意識就是成長的起點。如果當下就糾正,反而會讓他防衛,不容易真正理解問題所在。

回饋也要分層處理——有些是觀念偏差、需要立即修

第五章 管對人：績效追蹤與回饋系統

正；有些則是策略選擇，可等待時機再談；還有些是風格習慣，只需提醒、無須干預。主管若能判斷何時該說、該說到哪裡，就能在不傷關係的前提下引導成長。

有一家亞洲連鎖品牌的人資部門曾經做過一項內部調查，主題是：「你最印象深刻的一次主管回饋是什麼？」其中一位員工的回答是：「我第一次當主管時，預算編列錯了一筆金額，我很自責。但我的主管沒有責怪我，只是把我拉去開一個小時的會。他說：『這次是我們兩個一起弄錯了，下次如果你覺得哪裡有點疑慮，也請提醒我。』」這段話讓這位員工記了好幾年。他說：「那天我第一次感覺到主管不是來抓錯的，而是跟我一起在處理一件事。」

從這個角度來看，回饋的真正價值，不在於指出多少錯，而在於建立一種「你可以在這裡調整」的感覺。當人有這樣的空間，他才會開始修正自己，也才會願意繼續試、繼續提案、繼續前進。

以下是幾個實用的回饋設計建議，可作為主管日常參考：

2. 回饋是為了共同進化

1. 把回饋當作合作的一部分，而不是評價的結尾

如果一項工作只在結案後才給意見，那就太遲了。更有效的是在過程中就引導對方思考，讓回饋變成推動任務的一部分，而非補強任務的收尾。

2. 在討論中給出選項，而不是只有結論

很多人不知道該怎麼改，是因為他只聽到「這樣不好」，卻沒聽到「怎樣可以更好」。主管可以說：「這裡其實可以有兩種處理方式，我想聽聽你會選哪一個。」這樣的方式會讓對方參與，而不是被動接受。

3. 記錄回饋歷程，觀察是否出現行為轉變

如果一個人每次都收到類似的回饋，卻始終沒有調整，那可能是回饋方式不夠清楚，或對方沒理解為什麼這麼做重要。記錄下來，能幫助主管發現是否該換個方式。

4. 對於明顯成長，請具體指出來

不要只在犯錯時才出聲。當一個人明顯進步時，例如寫報告更有架構、會議上表達更流暢，就要具體點出：「你這次的開場就很穩定，我注意到你提前設計了三個提問。」這樣的肯定，才有機會變成下一次他願意重複的行為。

最重要的，是理解一個核心原則：沒有人天生抗拒回饋，人抗拒的是那種只讓他覺得被否定的語氣。真正有價值的回饋，應該讓對方看見行動與結果的關聯，也讓他知道：這個過程不是他一個人在摸索，而是有人與他並肩觀察、一起調整。

當你開始用這樣的方式給出回饋，你會發現部屬開始問：「你覺得我這樣做，還有沒有哪裡是可以優化的？」——那就是他開始把你當成成長夥伴，而不是只會打分數的人。

3. 把數據變成人聽得懂的語言

有些主管每天打開報表、瀏覽圖表、追蹤 KPI，但卻發現團隊行動始終沒有變化。數據愈來愈透明，決策卻沒有因此更快，因為資訊被「卡」在一層沒有人解釋的中間地帶。

數據不會自己說話。它需要被翻譯成一種語言，讓實際執行的人知道「現在的狀況是什麼」、「我們為什麼要關注這個變化」、「接下來該怎麼調整」。這正是主管的任務：把複雜的指標、圖表與趨勢，轉化成讓團隊能夠理解、做決定、改變做法的語言。

有一家做 B2B 服務的新創公司，就曾在內部經歷一次「報表失靈」的狀況。業務團隊的績效明顯下滑，儘管 CRM 系統每天自動更新進度、每週也固定開檢討會，但大家對該如何調整方向始終沒有共識。業務主管後來才發現，問題不在數據本身，而在於這些數據沒有人「翻譯」。

舉例來說，報表中顯示「本月初次聯繫客戶人數下降 20%」，對業務來說看得到這個指標，但不知道這背後的原因是名單品質不夠？還是行銷素材不到位？還是自己聯繫速度變慢？更不知道「下降 20%」具體意味著什麼──是會影響轉換率？還是只是短期波動？主管如果沒有提供脈絡，

第五章　管對人：績效追蹤與回饋系統

這個數字就只是壓力,而不是指引。

這位主管後來調整策略。他在每週的會議報表後加上一段口頭說明:「我們這週的初次聯繫數下降了,但我看了一下來源,發現是因為新名單導入的時間延遲了三天,所以不是業務操作的問題,這點先澄清。不過,也提醒大家可以多利用 CRM 裡的潛在名單備用池,避免因單一來源延遲導致整週都沒進度。」這樣一說,團隊不僅安心,也立刻知道可以怎麼補位。

數據不是用來「要求結果」,而是用來「協助行動」。如果沒有被說清楚,數據就會變成壓在心頭的那塊磚——沒有人敢動,也沒人知道怎麼處理。

一位擅長跨部門協調的營運主管曾說過一句話:「我們的任務不是整理數字,而是解釋變化。」這句話點出一個本質:數據管理不是資訊管理,而是行動對齊的溝通技術。也就是說,主管要會說人話,把數據背後的意涵講成團隊聽得懂的話。

例如,當你告訴團隊「本月流失率從 3% 升到 5%」,這是一個事實,但它沒有方向感。你可以加上說明:「這代表每 100 個顧客裡有 5 個沒有留下來,主要出現在新推出的方案 B,我們初步懷疑可能是因為退款流程不夠清楚。接下來行銷組會優化對照說明頁,業務也請主動詢問顧客對這方案

的理解狀況,看看是否能補強資訊落差。」

這段話才是一種「可行動的語言」。數據不只是用來報告,而是要能引導團隊判斷該怎麼調整。

我們在實務管理中,常會遇到幾種典型的「數據溝通錯誤」:

1. 只給數字,沒有對照與趨勢解釋

報表裡寫「成交率12％」,但沒有人知道上個月是多少、其他產品線是多少,無法判斷現在的表現是好還是壞。這會讓團隊無法形成共識。

2. 只講變化,沒有說明原因

主管說「客訴率升高」,但沒有人知道是因為配送延遲?還是客服回覆慢?是個別事件還是系統性問題?沒有脈絡的數據,只會引發猜測與焦慮。

第五章 管對人：績效追蹤與回饋系統

3. 只講現象，沒有行動方向

就算知道本月達標率下滑，如果沒有說清楚下一步要做什麼，團隊會無所適從，只能各自解讀，甚至變成互相指責。

因此，在解釋數據時，主管可以自問三個問題：

◆ 這個數字的變化，代表什麼樣的情況？
◆ 這樣的情況，會影響哪些人或流程？
◆ 根據目前資訊，我們可以嘗試哪些調整？

當你能在會議上這樣說話──「我們發現這個月的活動點擊率下降 10％，主要來自手機用戶跳出率變高。初步懷疑是頁面載入速度有問題，技術部門這週會調整壓縮設定；設計部門也會簡化首屏動畫，看是否能提升使用體驗。」──團隊就會知道你不只是報數字，而是引導策略。

一位曾任職於電商平臺的資深產品經理提到，他們內部會議上有一條不成文規則：報表不能只讀數字，必須搭配一句「這個數字告訴我們什麼」。例如：「這個跳出率升高，告訴我們新頁面設計可能不夠直觀。」或是「這次客服等待時間縮短，可能是因為近期未有促銷活動，來電量本身較少，尚不能視為處理速度的改善。」這樣的要求強迫大家練習去

3. 把數據變成人聽得懂的語言

詮釋數字，進而養成「數據即判斷基礎」的思考習慣。

另一個常見問題是主管以為「大家都看過報表，所以應該知道狀況」，但事實是，不是每個人都能正確解讀數據，更不是每個人都有能力從變化中推導出意義。

這時候，主管的角色就是「轉譯者」——把資料庫裡的數字翻譯成前線成員可以理解與執行的語言。

例如，在一個行銷團隊中，如果主管只說：「這週的轉換率不如預期」，那麼團隊只會覺得壓力大。但是如果說：「這週轉換率從 1.8% 降到 1.2%，主要是因為社群點擊進來的用戶停留時間變短。我們初步懷疑貼文語氣可能太促銷，導致瀏覽率高、轉換意願低。下週我們來測試較為故事導向的貼文版本，並搭配優惠碼，看能不能拉回轉換率。」這樣的說法不僅具體，還能激發行動。

也有些主管會在數據出現異常時，太快將矛頭指向執行者，卻沒先釐清問題出在哪一層。像是一位曾帶領 30 人團隊的品牌總監分享，他們曾遇到某季度營收下滑，公司高層緊急要求各部門說明。他沒有直接要求團隊加速推案，而是回頭分析產品庫存與客訴趨勢，發現其實是因為倉儲配送延誤導致整體體驗變差。後來他不只調整了文案與優惠策略，更主動向客戶發出延誤說明信件。這樣的反應來自於對數據細節的掌握與正確解讀，而不是單靠壓績效解決問題。

第五章　管對人：績效追蹤與回饋系統

　　數據使用的成熟度，其實是一個組織內部理解力的指標。真正善用數據的主管，從來不是最會看圖表的人，而是那個最能解釋「我們現在在哪裡、為什麼會在這裡、接下來要去哪裡」的人。

　　你可以這樣思考：如果你今天給出的數字，團隊看完後知道下一步該做什麼，那這個數據就是有意義的；如果看完之後大家沉默、沒有反應，那可能就要回頭問：你講清楚了嗎？你翻譯過了嗎？你有根據角色去對應這些資訊嗎？

　　為了協助團隊更好地理解數據，主管也可以在日常管理中建立以下幾項習慣：

1. 不只看結果，
也要看變化趨勢與背景條件

　　例如本月的銷量雖然下滑，但是否因為上個月促銷提前透支需求？背景不同，判斷就不同。

2. 每一份報表,都要搭配一段摘要說明與「下一步建議」

這不只幫助理解,也協助訓練團隊成員學會「數據→判斷→行動」的基本邏輯。

3. 每月挑一項指標,請團隊成員主動詮釋,練習說出背後觀察

這不只提升數據素養,也讓大家更有參與感,避免數據被當作主管專利。

4. 將數據回饋變成對話機制,而不只是評估工具

你可以在 1 對 1 會議中問:「這個數字你怎麼看?你覺得我們需要做什麼微調?」這樣的對話才有助於形成共識。

數據如果不能產生理解,就不會產生行動。真正有效的數據管理,不是建立在資訊完整上,而是建立在資訊能不能

第五章　管對人：績效追蹤與回饋系統

被「轉譯」成現場能採取的決策依據上。

　　你說的每一句數字背後的話，都是你調整與團隊溝通方向的方式。當大家聽得懂數據，也願意根據它來調整自己的節奏，那麼你才真正地讓數據變成管理的工具，而不是壓在組織裡的一堆冷冰冰報表。

第六章
扛責任：主管的決斷與承擔

第六章　扛責任：主管的決斷與承擔

1. 決策的核心是風險判斷

在組織裡，沒有人喜歡做錯決定。決策本身固然重要，但對主管而言，壓力往往來自於：這個選擇是否能經得起後續檢驗、是否有機會解釋背後的判斷依據、以及團隊能不能理解與支持這個方向。

現實中，多數關鍵決策其實沒有絕對的對或錯。你只能在當時資訊條件下，判斷哪個選項的風險較小、後果可控、時機較穩，然後負起那個選擇的結果。決策，並不只是選擇本身的能力，更是對風險結構的感知與承擔。

一位曾在物流業擔任營運總監的主管提到，他帶領的團隊負責一項跨區配送整合案，初期就卡在兩種調度方式的取捨上：一種是延用舊有流程、人力負擔較輕，但效率不高；另一種是新系統模組，可以加快作業，但需要投入額外培訓成本。兩派人馬各有立場，開了三次會都沒有結論。

最後他在內部會議中拍板選擇了新系統方案。他說：「我知道這麼做短期內可能會拖慢進度，但如果我們繼續沿用舊流程，未來擴張時問題會變更大。」這個決策讓部分團隊感到困惑，也有人認為他「冒進」，但他隨後安排了兩波分區測試與彈性緩衝期，並明確告知高層：「我認知到這個決定

1. 決策的核心是風險判斷

有風險，我會負責每週監控調整，若三週後成效未達標，會擬備退場機制。」

這樣的表態，讓他不只做了選擇，更帶出了責任感與風險管理能力。而事後來看，這項方案最終讓他們提早建立起標準化配送節奏，並為後續擴張鋪好了基礎。

主管在做決策時，常陷入的迷思是：以為「做對決定」才是成功。其實不然。真正成熟的主管，是應該知道每一個選項背後風險大小、能不能承擔、如果出錯會出在哪裡、該怎麼收尾的人。

決策不是比誰最聰明，而是比誰最清楚：哪個結果自己可以負責、哪個錯誤不會拖垮整體。

另一位在教育科技平臺擔任產品副理的主管也曾面對過類似困境。當時他負責設計一套新課程導入機制，內部設計團隊建議保留完整體驗流程，以突顯平臺特色；但業務部門則建議簡化流程，避免顧客流失。他在兩邊拉扯之間，選擇採取業務部建議，但加入一個條件——每月追蹤用戶使用率與反饋，若數據顯示體驗落差過大，兩週內重啟 UX 優化。

結果確實有部分負面回饋出現，但整體轉換率提升 15%。最終他也啟動了第二階段調整，用戶回流率比預期快。他說：「這不是什麼神判斷，我只是覺得如果要承擔，

第六章　扛責任：主管的決斷與承擔

就先想清楚能承擔到哪裡。」

這就是所謂的風險判斷：你知道這個選項不完美，但你可以預測它的變數，也準備好補位的資源。這樣的決策才具有可管理性，而不是賭一把成敗。

許多主管在做決策時猶豫不決，並不代表他不專業，而是他沒有一個內在框架去評估風險。一個實用的風險判斷模型，應該至少包含三個思考軸線：

1. 這個選擇錯了之後，會造成什麼結果？是可逆的嗎？
2. 我們目前的資源、能力與時間能不能應對最壞狀況？
3. 若這個決策拖延，會不會產生額外代價？會錯過什麼機會？

當你能用這三個問題對照每一個選項，你就會從「我怕選錯」的情緒，轉換成「我清楚這樣選的風險結構長什麼樣子」的思維。這就是管理者與執行者在思維層次上的差異。

但要注意的是，風險判斷不代表膽小或退讓。有些主管會用「這有風險」來為自己閃避決策找藉口。真正負責任的主管，不是避免風險，而是知道該怎麼與風險共存，怎麼設計緩衝、補位與備援機制，讓團隊可以帶著風險前進，而不是被風險綁住。

有家 B2C 平臺的行銷總監分享，他們曾面對一次大型

1. 決策的核心是風險判斷

促銷活動方案的抉擇。其中一案極具話題性，但是成本高、操作複雜；另一案安全穩定，但是缺乏創新。他選擇了風險較高的方案，因為他發現：「最壞的情況是我需要額外調人力支援與客服預案，但如果我們只打保守方案，就可能整季業績無亮點。」

當主管做出判斷後，怎麼讓團隊理解你不是「武斷拍板」，而是做過風險分析、有據可循、願意承擔的選擇？這件事會直接影響團隊對你決策的信任感與參與感。

你可以這樣做：

◆ 明確說出「我為什麼這樣選」，讓人理解你的判斷依據
◆ 承認這個選項有什麼潛在風險，也讓團隊知道你的應對設計是什麼
◆ 給出檢視時間點，讓團隊知道這個決策是「可以被檢討與修正」的，而不是一刀定生死

當團隊看見你思考過風險、準備了因應方案，也願意在錯誤發生時與大家一起面對，那麼他們就會更願意支持你的判斷，甚至主動提供建議與備案。

此外，讓團隊參與風險討論本身，也是一種決策品質的提升。有些主管在做決定時習慣獨自思考，怕公開討論會顯得自己不堅定。但事實上，只要你定義清楚討論目的是「評

第六章 扛責任：主管的決斷與承擔

估風險、不是投票選項」，那麼大家的意見就會聚焦在提醒你盲點、補足你的資料，而不會搶奪你的權限。

這樣的討論反而能增強決策品質，讓錯誤的代價變小，讓落實的速度變快。

最後要提醒的是：決策最怕的不是錯，而是拖。很多關鍵時刻，真正影響組織節奏的，不是你究竟選了哪個方案，而是你拖到錯過時機。這種拖延常常來自一種錯誤假設——「我還可以再等更多資訊」，但現實是，很多時候資訊永遠都不會完整。你能不能在不完美的條件下做出「可承擔的選擇」，就是你能不能領導團隊的關鍵。

有一位在外商科技公司帶領專案團隊的主管曾說過：「當你是主管時，你做出的每個決定，沒辦法讓所有人都滿意，但關鍵是要讓團隊可以前進。」這句話聽來簡單，卻是許多領導者最難學會的事。

決策的責任，不是帶著答案，而是能承擔結果，也能修正過程。當你越清楚風險結構，團隊就越能信任你的拍板不是按照心情判斷，而是真正在幫助整個系統往前走。

2. 責任感，不代表要一個人硬撐

在管理現場，「扛責任」是一句被經常掛在嘴上的話。許多主管認為，身為領導者就應該在問題出現時第一個站出來，把所有錯攬在自己身上，對外承擔所有結果，對內不讓團隊有壓力。但是這樣的做法，真的能讓團隊變強嗎？

實際上，當主管凡事都一肩扛下，不僅會壓垮自己，也可能讓團隊習慣性退縮，失去對任務的自我負責意識。最終的結果，反而是主管疲於奔命、團隊效率下降，每一次任務都是主管一人來回補洞。

一位在製造業擔任營運協調主管的中階領導者曾分享，他過去總認為「領導者就要是能撐住的人」，所以不管是部門績效落後、跨單位衝突還是專案延期，他總是第一個出面道歉、親自協調，甚至親手修正流程。

但是他後來開始出現過勞徵狀，更糟的是，團隊對他愈來愈依賴。每次有人卡關，第一時間不是解決問題，而是回報給他；甚至有些人連決策都不做，因為「反正主管會處理」。

直到一次年度檢討會議上，高層指出他部門的「決策層級過度集中」，才讓他驚覺：原來他自認為是「扛責任」，但

第六章　扛責任：主管的決斷與承擔

是在組織運作上，其實成了「扼殺團隊自主性」的斷點。這並不是在保護團隊，而是在阻止他們學習承擔與成長。

他後來做了三件事調整：

1. 開始建立「可預期的責任分工表」，明確定義哪些狀況由誰主責、何時上報、什麼時候主管會介入；
2. 在會議中不再事事回應，而是把問題丟回去問：「你認為可以怎麼處理？需要我介入嗎？」
3. 向上層明確說明團隊分工進程，讓外部壓力不再全部壓在自己身上。

這些改變讓他發現：所謂的「扛」，不是一個人撐，而是先看清局，再幫助每個人站好位，最後自己站在需要的位置上。

在領導中，真正成熟的「扛責任」有三個面向：對外承擔結果，對內建立結構，在過程中創造信任感。缺一不可。

有些主管將「扛」誤解為「遮蓋」。部屬犯錯，他不讓其他單位知道；進度延遲，他一個人加班補救；流程設計不良，他默默修改卻不說明原因。這樣的處理看起來穩定，實際上卻阻斷了組織的學習過程，也讓問題一再重演。

一位服務業營運主管曾說，他學到最重要的事就是：「有些錯是該團隊自己對外說清楚的，而不是我每次都代為出

面。」他曾因一件活動出包，親自寫道歉信、親自與客戶說明，但事後發現，負責執行的團隊其實從頭到尾都沒有真正反省流程問題，因為「這次主管處理得很好，沒有擴大」。

他後來改變做法，遇到類似狀況，會讓負責人自己出面說明，同時在內部檢討會議上明確指出「這是可避免的錯誤，我選擇讓你處理，是因為我相信你可以承擔。」這樣一來，團隊才真正理解：承擔不只是被要求負責，而是被信任有能力處理後果。

當主管評估是否要出面時，關鍵不在於錯誤本身的大小，而是團隊是否具備處理的能力與條件。如果這件事已經超出對方的經驗範圍，或需要外部支援資源，那主管的任務應該是適時補位，同時思考：這是否是一個可以協助對方成長的情境？

與其直接接手處理，更有效的做法，是提供必要支援，並在過程中幫助對方釐清邏輯、重建節奏，讓他有能力把事情處理完。這樣的參與方式，不會讓人覺得被接管，而會覺得被支持。

一位在公關顧問公司工作的資深專案總監分享，他曾帶領一位資歷尚淺的企劃處理大型客戶提案，過程中對方漏了預算表，導致提案過程卡關。客戶會後提出質疑：「你們對預算沒準備好嗎？」這位主管當下的回應是：「這部分是我

第六章　扛責任：主管的決斷與承擔

們安排上疏忽,我這邊再補一份完整版本過去。」會後他沒有責備對方,而是安排 1 對 1 討論:「你當下為什麼沒說明這段準備進度?你在擔心什麼嗎?」

這樣的處理方式,一方面穩住客戶關係,一方面幫助部屬意識到責任與溝通的落差,也開始建立他面對錯誤的能力。

這樣的扛,才是組織真正能夠成長的支撐方式。

要做到這樣的角色轉換,主管必須能清楚判斷以下幾件事:

◆ 這件事誰該負責?誰有能力處理?誰需要支援?
◆ 出了狀況後,對外說明是誰的責任?是否會影響他未來信任關係?
◆ 我該不該替他出面?還是該陪他練習說清楚?
◆ 對團隊來說,這次的風險是學習機會還是會造成損傷?

當你能不再一味替團隊「撐住」,而是協助他們理解什麼時候該主動承擔、什麼時候該尋求支援,那麼他們才會從「等主管來解決」變成「我們知道該怎麼處理,也知道該怎麼請主管幫忙」。

主管如果只想把所有責任都攬在自己身上,一方面會讓團隊不敢承擔,另一方面也會讓上級或外部誤以為主管「什

2. 責任感，不代表要一個人硬撐

麼都可以處理」，進而形成制度性的推責文化，最終疲憊的仍是主管自己。

因此，真正有效的扛責任，應該建立在以下幾項原則上：

1. 界線清楚 —— 先講清楚誰負責哪一段、發生什麼狀況時誰需要補位；
2. 預期明確 —— 讓團隊知道如果事情沒做好，會由誰來處理、該怎麼處理；
3. 支援可及 —— 明確告訴對方哪一部分由他承擔，你會在哪裡提供支援，例如處理高層溝通或補足資源協調，讓部屬能放心主導；
4. 錯誤可回顧 —— 責任承擔的目的，不應只是檢討錯誤，而是建立一套可以回顧與修正的機制，讓錯誤變成成長的材料。

也就是說，主管要為團隊「撐住」，但這個「撐」應該是一種彈性支撐結構，不是僵硬地扛住全部，也不是抽身放任，而是站在正確的位置上補強隊伍、調整節奏、收納風險。

你可以這樣說：「這部分的外部溝通我會先處理，你這邊專注把流程問題整理出來，之後讓你主導修正。下次遇到這類情況，我希望你能提前說明卡在哪一段，這樣我才能幫

第六章 扛責任：主管的決斷與承擔

你協調資源、而不是在最後一刻補洞。」

這樣的語言不只讓團隊知道你會負責，更重要的是讓他們知道你會陪著他們一起成長。

所謂的「為團隊扛下來」，不應該是撐住不說、自己做完、然後再默默繼續。真正讓團隊有安全感的，是那種有問題可以提出來，並且說了會有人聽，而事情還是要做，但是責任不會全部壓在一個人身上的氛圍。

這才是一個領導者該站的位置。

3. 領導者要能站出來，也要懂得讓出空間

有些主管總在第一時間出手，什麼事情都想介入；也有些主管太快退開，期待團隊自己處理。但是對於成熟的領導者而言，真正的挑戰不是「該不該管」，而是「什麼時候該出聲、什麼時候該沉默」、「該在哪裡堅持、該在哪裡放手」。

能站出來的領導者，會讓團隊信任他；能讓出合理空間的領導者，會讓團隊成長。

一位在大型連鎖企業工作的區域營運主管分享，他接手一支剛重組的門市管理團隊，起初認為：「團隊經驗還淺，我得多介入一點。」於是他每天參與早會、親自下現場確認庫存、連促銷貼紙怎麼貼都給意見。

團隊一開始覺得被支持，但是沒過多久，反應開始出現：早會變成報告給主管聽的儀式、現場人員總是在等待他下指令，甚至店長開會時也習慣性地說：「主管說要這樣做」。原本該是店內主導的流程，變成了處處等他「拍板」。他察覺到問題後，才意識到自己把「支援」做成了「取代」。

後來他調整做法：只保留每週一次的現場巡視，改為不

第六章　扛責任：主管的決斷與承擔

帶指令，而是用問題引導：「你們這週的庫存策略怎麼決定的？碰到衝突時怎麼調整的？」他不在過程中直接給答案，而是陪著店長討論判斷標準。這樣的轉換讓團隊花了一點時間適應，但是慢慢出現變化：主管還在，指令卻不再都從他口中來；團隊開始根據討論自行處理現場細節，遇到問題也更主動找方法。

他說：「我沒有完全退出，只是退到了一個讓團隊有空間決定的位子。」

所謂的「讓出空間」，不是指主管不能過問，而是不要預設自己一定要下指令。領導者不需要事事都介入，但要清楚哪些情況該親自處理、哪些時候該讓團隊自己推進。能掌握這個界線的人，才真正具備帶領團隊前進的能力。

站出來，有時是關鍵時刻的承擔；讓出來，則是讓團隊練習對自己負責。這兩件事不衝突，關鍵在於主管能不能判斷：「現在這個情境，哪一種行為對整體更有幫助？」

一位在科技產業帶新創團隊的產品總監分享，他曾帶一位升任主管不久的資深工程師，對方技術強，但對跨部門協調相當陌生。起初，他會陪著對方參加所有溝通會議、協助寫會議紀錄、甚至幫忙總結關鍵決策。

但是幾次下來，他發現對方變得被動，開會時總是回頭看他，希望他來發言。於是他決定從下一場例會開始不再出

3. 領導者要能站出來，也要懂得讓出空間

席，他跟對方說：「我不會進去開會了，但我希望你記錄下三個部分 —— 部門爭議在哪、你的立場是什麼、有沒有需要我後續協調。你回來跟我說。」這個安排一開始讓對方壓力很大，但漸漸開始在會議中練習立場表達，回來後也能條理說明現場狀況。

成熟的主管，不會因為團隊還不夠好就一直自己做，也不會因為想讓對方成長就完全不管。他們做的是根據任務難度、對方狀態與風險承受度，來調整自己「介入的方式與深度」。

「站出來」有幾種情境特別重要：

- 當團隊內部出現責任模糊時，你要出來畫清界線；
- 當外部出現誤解或壓力時，你要出來對外說明；
- 當進度停滯、大家都在觀望時，你要出來定義方向。

這些時候，主管的出面是一種信號：這件事我有在看，這些情況我會一起協助處理；但也有些時候，「站出來太早」會讓團隊錯過成長機會。像是還沒討論出共識，你就下決定；還沒讓新人試著推進流程，你就自己對接；還沒等對方練習表達，就代為說明。

當你總是走在最前面，團隊自然會退到後面；你越能幹，團隊越依賴；你越清楚答案，團隊越不動腦。反過來，

第六章　扛責任：主管的決斷與承擔

當你願意讓出空間，團隊才會開始往前走。

所謂的「讓出來」是清楚交代邊界。你可以這樣說：「這段決定我交給你，但遇到部門協調問題再找我。」或者：「這次你主導簡報，但我會一起聽，結束後我們再檢討。」這樣的方式，不會讓團隊孤軍奮戰，但是會讓他們知道：你雖然不會介入所有細節，但是你依舊有在管理。

一位品牌設計公司總監分享，她帶一位剛升任組長的設計師主持大型提案，對方第一次面對跨部門簡報，非常緊張。她沒有替對方演練每一句話，也沒有幫他設計回應模板，而是安排兩場內部模擬、邀請其他組員當客戶提問，讓對方自己試著組織與回應。簡報當天，她坐在會議室角落全程觀察，只在結尾總結流程並答謝客戶。

會後她只說了一句：「你今天做得不錯，但下次記得開場前先明確列出重點，會讓對方更快進入狀況。」對方後來說：「那次簡報讓我清楚一件事：主管已經把主導權交給我，她只會在必要時支援，剩下的是我要自己撐起來的了。」

這就是「讓出空間」該有的樣子 —— 不是退開不理，而是退到剛剛好的位置，給壓力也給支撐。

領導的關鍵在於能不能帶出更多能思考、能決定、能調整的人。主管不是答案提供者，而是決策能力的培養者；不是時時出現的人，而是適時出現的人。

3. 領導者要能站出來,也要懂得讓出空間

有些主管會說:「我很想讓下屬多承擔,但我看他們好像還沒準備好。」但問題往往不是對方沒準備好,而是你沒設定好一個「讓他準備的過程」。一開始先給他小一點的決定權,再觀察判斷品質、提出調整建議;然後再放大決策範圍,逐步讓他習慣承擔。

這樣做,不會讓你失去領導力,反而讓你的領導變得更有延續性。

最後,一個能站出來、也能讓出來的領導者,會讓團隊有兩種感覺:第一,是「有事你會在」;第二,是「沒事我自己能處理」。這兩種感覺之間的平衡,靠的不是一句漂亮的領導理念,而是你平常出現的時機、態度與方式。

第六章　扛責任：主管的決斷與承擔

第七章
危機中的領導力：轉折與穩定度

第七章　危機中的領導力：轉折與穩定度

1. 領導者越不穩，團隊就越先倒下

在真正的風暴來臨時，最先動搖的，往往是團隊內部的情緒。每個主管都曾經歷過這樣的情境：剛開完高層會議，策略方向尚未明朗，回到部門就已經有成員私下傳起「是不是要裁員」的耳語。你還在消化資訊，他們已經在做最壞的打算了。領導者在混亂中最難的任務，不是做出一個決定，而是面對資訊未明、氣氛浮動時，仍能夠維持明確的溝通節奏，讓團隊知道接下來該聚焦在哪裡、什麼時間會有更新，以及目前可以先推進哪些具體任務。

在一間中型科技公司的營運會議上，主管小艾被要求當場決定是否中止一項重要合作案。這項案子過去半年投注大量資源，負責的團隊也早已對合作方建立高度信任。當高層在會議中指出合作方資安風險過高，需要即刻停止合作時，現場出現短暫沉默。小艾回頭看向專案經理和工程主管，眼神閃爍，最後僅說：「我們等一下再私下討論一下，現在先開完會。」

隨後的三天內，她未主動與團隊進行正式說明，僅在聊

1. 領導者越不穩，團隊就越先倒下

天室轉貼一則「公司高層已審視合作風險」的備忘錄。團隊成員之間開始傳出各自版本的揣測，有人私下覺得案子快被腰斬了，有人仍持續排程作業，更多人則開始懷疑是否該提前備份資料。到第四天，合作方先主動提出解約通知。案子雖然正式中止，但團隊中許多人感到受挫與被邊緣化，因為在整個過程中，沒有人知道自己到底該做什麼、站在哪個立場，甚至沒有得到一個統一的說法。

這類情境對中階主管而言格外困難。他們常被夾在資訊未明與團隊期待之間，既無法主導策略，也必須穩住團隊的信任。第一線成員直接反應壓力，但中階主管卻常無從釐清自己在這之中的角色定位。一位資深主管曾說：「我最怕的，不是上層決策難下，而是我不知道該怎麼跟下面的人講實話，又不能讓他們洩氣。」這種「兩邊都等答案」的卡位，才是許多領導者情緒崩潰的真正原因。

情緒穩定，並不是一種冷靜疏離的態度，而是主管能否提供一種讓團隊有節奏感、能做出判斷的狀態。心理學家丹尼爾・高曼（Daniel Goleman）在情緒智商（emotional intelligence）理論中指出，領導者的情緒狀態具有高度的傳染性，會在無形中影響整個團隊的氛圍。你說「我們得想清楚再動」與說「這件事我不太確定」，明明都還沒決定下一步，但傳遞出來的感受卻截然不同。前者讓人有空間等待，後者

第七章　危機中的領導力：轉折與穩定度

容易讓人陷入焦慮。

語言，在組織中其實是一種內在節奏的界定工具。一位人資長曾說過：「有些主管不是沒有能力，但是講話內容讓人不知所措。」一封內部信，一段簡報開場，甚至是一句在茶水間說的「最近很難撐」，都有可能變成全公司情緒的導火線。相反地，一位懂得設計語言的主管，會這樣說：「我們還在收集資訊，下週五前會初步對焦；現在的任務是把正在進行的案子完成到第一階段。」他並未給出確切答案，卻提供了一條可以工作的節奏線。

情緒穩定的管理者也會感受到焦慮，但是他們能在壓力之下穩定局面。那代表他已經先穩住自己的判斷，才準備好面對他人的不安。2008年金融風暴爆發後，星巴克陷入營收下降、品牌定位模糊、組織鬆動的困境，創辦人霍華德‧舒茲（Howard Schultz）決定重新擔任執行長。根據他在《重來》（*Onward*）一書中的描述，回任初期他並沒有急著發布新計畫或召開記者會，而是花時間親自走訪各地門市，與主管與夥伴逐一對話。他強調，真正需要做的，是重新了解前線正在發生什麼、傾聽正在流失的連結。他想做的第一件事，是先把人們重新聚在同一個起點上。

這句話看似保守，實則是領導者在混亂中最難得的姿態——不急著證明自己有答案，而是誠實地帶大家重新對

1. 領導者越不穩，團隊就越先倒下

齊出發點。在他的重新領導下，星巴克關閉了數百間績效不佳的門市，但是整體團隊反而感受到重建的秩序。因為他們知道，這是一位會判斷、有節奏的領導者，而非盲目因應市場的被動反應。

從實例中可以發現，所謂的「穩定」，不等於不動，也不是情緒壓抑，而是能在動盪中分辨什麼該講、什麼先等等、什麼必須立刻處理。好的領導者會避免三種典型的失穩行為：一是過度加速，讓大家措手不及；二是推卸責任，把壓力轉嫁給他人；三是失去框架，讓問題變得無邊無際。相對地，有效的穩定行為包含：框定問題的邊界、設定決策的時序、承認風險但不散播恐慌。

在另一家科技新創公司中，曾經有一位主管在面對裁員傳聞時，選擇不否認也不證實，而是公開寄出一封信，信中開頭是：「我知道這幾天有很多不安，我不能保證所有人的位置都不變，但是我能保證，任何變化都會提前溝通，不讓你們從外部新聞得知我們的決定。」這封信雖然沒有解決根本問題，卻讓團隊停止猜測，回到可以工作的位置。他在信中清楚列出三種可能發展，也預告下週將再進行一次說明會。這種具體化的不確定，就是領導者真正能提供的穩定性。

情緒穩定是一種技術，而不是性格。它可以練習，練習

第七章　危機中的領導力：轉折與穩定度

的方法來自日常小事的累積：當你感覺自己快要不耐時，是否會選擇暫停 3 秒，再調整語速？當團隊問你未來怎麼辦時，你是否願意誠實承認未知，同時提供接下來的觀察節點？當你自己都還不確定下一步時，你能不能設下階段性檢查點，先讓大家有短期目標可以對齊？這些都不是大動作的激勵，卻是關鍵時刻中，幫助團隊釐清優先順序與行動方向的開始。

在混亂的環境中，大家其實不期待你一開始就有解方，他們期待的是「這個人沒有亂」。你怎麼說、你怎麼走、你怎麼安排時間與資源，都會成為團隊接下來穩定與否的線索。有些主管不自覺地將焦慮往下傳，語氣急促、反應情緒化；也有些主管選擇多看一下、多問一層，讓問題在傳達前先有過一次過濾。這些細節，就是組織能不能走出風暴的關鍵差異。

真正的穩定不是硬撐，而是能在不確定中，建立起一種「讓大家知道還可以怎麼往前」的認知。你不一定要無所不知，但你要能承擔那個「指方向」的責任。因為當大家都在等一個信號，而你願意說出「我們從這裡開始」，那就是領導力的起點。

2. 如何在混亂中做出團隊定位

混亂發生時，團隊最常見的狀況不是缺乏執行力，而是「不知道該往哪裡出力」。每個人都在忙，但忙的方向不同；每個人都說在處理問題，但回過頭來發現沒有一件事真正往前推。這種情況下，團隊並非因為能力不夠而停滯，而是因為定位混亂──沒有人知道現在到底該由誰決定什麼、該對齊誰、該先處理哪一件事。

這種角色錯亂的情況，在危機或快速變動情境中尤其明顯。當公司面臨策略轉向、新市場開發或突發性挑戰時，原本的協作習慣可能瞬間失效。例如原本專案是依部門分工，但突然需要跨部門重組；原本由營運主導的排程，突然要跟產品部門快速整合。每個人都還在用「原本的角色理解」進行判斷，卻沒有人真的搞清楚：現在這個時間點，我負責的是什麼？我應該對誰交代？我要等誰的資訊才能啟動？

這時候，領導者真正要做的，便是協助團隊重新對齊「彼此之間的工作關係」。簡單來說，就是讓每個人都知道：目前我應該處理什麼、要跟誰配合、什麼時間要交會。把責任、資訊、任務重新排列一次，讓團隊在變動之中，仍能有效運作。

第七章　危機中的領導力：轉折與穩定度

在面對不確定性或突發事件時，許多企業會運用像是「RACI矩陣」（Responsible、Accountable、Consulted、Informed）這類責任釐清工具，協助各部門或專案團隊釐清當下每個人的角色定位。這套架構的核心在於區分四種角色：誰是實際執行任務的人（Responsible）、誰擁有最終決策權（Accountable）、誰需要提供意見或專業建議（Consulted）、以及誰雖然不直接參與，但需被同步重要進展（Informed）。當組織面對的是快速變動的環境，這種分工方式可以在不耗費太多時間重整流程的前提下，快速拉齊理解，減少各說各話、責任重疊或資訊落差的情況。

這類工具雖然形式簡單，實際應用時卻能發揮關鍵作用。根據許多跨部門協作的經驗顯示，一旦缺乏清晰的責任對應，不僅會導致任務推進停滯，也容易產生推諉心態，讓問題久未解決；相反地，當每個人都知道自己需要關注哪一塊、回應什麼問題，整個團隊的運作節奏會更順暢，甚至能減少不必要的會議或交叉確認。

在實務中，也有企業將這樣的原則進一步具體化，建立出類似「責任分工地圖」的協作架構。在專案初期，他們會以視覺化方式標注每項任務所對應的角色與具體負責人，並標記與其他任務的接合點或相互依賴關係。這種方法未必需要成為一套制度化的常規流程，但在某些特定情境下──

2. 如何在混亂中做出團隊定位

例如跨部門專案、組織策略轉向、流程再造或部門合併等 —— 它所提供的清晰感與預期一致性，往往正是穩定團隊運作的關鍵。

重要的是，這類工具的本質並不在於建立一套固定不變的結構，而是提供一種清楚的協作定位方式。讓組織成員即使面對變動，也能明確掌握自己應該參與的部分，以及何時該做出回應、和誰協作、需要同步給誰。這樣的架構既能維持彈性，又能避免在高壓或混亂的情況下失去方向感，對於維持專案品質與節奏，都具有實質幫助。

在實務操作上，領導者可以從三個層面開始幫助團隊重新定位。

第一，釐清階段性目標，不是策略口號，而是操作層級的工作重心。例如「本週的目標是完成新方案的前置設計與用戶需求確認」，而不是「我們要加速創新」。這樣的說法會幫助成員聚焦當前該處理的具體工作，也有助於團隊之間彼此協調資源與時間。

第二，重建資訊與責任的交匯點。領導者需要點名「目前誰是這個任務的轉運站」，例如：「新流程的第一版由 A 完成架構，B 協助測試，C 為對外窗口，D 協調進度更新」。明確點出每個人在哪個環節負責什麼、向誰報告、何時交會，會讓團隊運作更順，不再彼此猜測。

第七章　危機中的領導力：轉折與穩定度

第三，允許資訊有間距地更新，不要求一次性拍板。在變動大的情況下，給予「每三天更新一次、每週整合一次、每月調整一次」這樣的節點安排，能降低成員的不安，因為他們知道：就算事情會變，也會在什麼時間點被重新說清楚，不需要每天焦慮等待。

在一間成長中的亞洲軟體公司裡，設計主管曾在一場產品重構期間察覺到關鍵問題：各部門竟然根據不同版本的設計稿進行開發，造成功能重疊、交付時間混亂，且進度難以統一。他沒有立刻召開全員會議或要求重排時程，而是先花一天時間逐一釐清各部門當前處理的模組與階段。接著，他建立了一張所有人都能存取的任務同步表，明確規定哪些資訊需要每天更新、哪些內容留待週會提出、以及出現延誤時必須通報的項目。這樣的表單設計，讓工程、設計與業務部門能在不需要彼此說服的情況下，透過資訊的可見性與預先約定的更新頻率，建立起具備一致性的協作方式。

類似的挑戰也曾出現在大型整併案中。2019 年，IBM 併購 Red Hat，不僅是一場技術資源整合，更是一場組織文化的磨合。Red Hat 長期以工程師高度自治與開放式決策為核心文化，而 IBM 則有清晰的層級架構與流程管理模式。兩種截然不同的運作方式，在合併初期自然產生許多摩擦。Red Hat 並未試圖全面調整制度，而是採取漸進調整的方式：

維持原有跨部門協作方式的同時,逐步建立新的對話機制,讓雙方團隊能在具體專案中找到合作的切入點。這樣的策略讓整合不至於過度擾動原有節奏,也讓來自不同文化背景的團隊,能在可掌握的結構中逐步對齊運作方式。

從管理層訪談與公開活動中可以觀察到,Red Hat 採取的原則並非全面接軌,而是先明確畫出幾條線:哪些文化特質是 Red Hat 希望維持的、哪些做法是 IBM 預期整合的,以及哪些合作機制需要雙方共同調整。這些安排讓兩間公司的管理語言與工作習慣,能夠在同一場會議裡逐步融合,不需要立即統一所有規則,也不會因衝突而中斷合作。這是一種針對文化異質性進行的實務處理方式,目標是讓雙方人員逐漸能判斷各自應該參與的角色與承擔的責任,而非陷入誰該聽誰的問題上。

在另一家國際保險公司的亞太區總部,也曾出現類似的分歧。該公司的策略長在推動數位轉型時,發現各地區對於「轉型」的理解根本不一致。香港團隊專注於改善應用介面的使用體驗,新加坡團隊將重心放在後端數據的整合與分析,印尼則著重於用戶旅程的規劃與優化。這些方向各有其合理性,但彼此缺乏連結,也難以對整體策略形成一致認知。在一次區域會議之後,策略長沒有要求各地立即改變重點,而是將轉型計畫拆解為四條明確的任務線,並分配給不

第七章 危機中的領導力：轉折與穩定度

同團隊負責。接著，他建立了一個共用的追蹤平臺，標示出每一條任務之間的交集與進度狀態，讓各地主管清楚知道自己應關注的部分，以及如何與其他團隊產生協作。這樣的做法，不只是管理工具的導入，更是讓整體戰略能落實為具體分工與行動的關鍵步驟。他提醒團隊：「如果我們無法清楚定義彼此怎麼合作，最後會變成各自推進各自的戰略，卻沒有人能對全貌負責。」

定位，不是一次說完，而是隨著變化持續修正的工作。領導者的任務，也不是立刻解答所有問題，而是建立一個讓大家知道「該從哪裡開始」的共同參考點。這個參考點越清楚，團隊的行動就越少摩擦；這個關聯網越穩固，組織的變動就越不容易造成斷裂。

當變化來臨時，能讓每個人清楚自己的位置與貢獻方式，比單一口號更有用。這就是在混亂中，真正有效的定位工作。

3. 你怎麼說，團隊就怎麼動

你說的每一句話，對團隊來說，從來不只是表達，更是一種行動訊號。很多主管以為自己只是說出看法，但團隊聽到的，可能是一項新的指令、一次方向調整、或者一個否定訊號。

我們經常看到這樣的場景：主管在會議上說了一句「我們要加快進度」，他心裡想的是「接下來幾週的推動需要再壓縮一點時間」，但執行團隊理解的是「所有專案時程全部提前」；又或者，主管說「這部分我覺得還可以再討論看看」，他的意思是「方向接近了，但細節有保留空間」，但團隊收到的訊號卻是「主管不滿意，要全部重來」。這種語言解讀上的落差，來自一個關鍵事實：主管的語言本身就具備放大效應，你怎麼說，團隊就怎麼動。

領導者說話的方式，會直接影響三件事：第一，團隊對現況的理解角度；第二，每個人認定自己接下來的角色與任務；第三，大家對彼此合作的期待。如果你說話模糊，團隊的理解就會分散；如果你話中話太多，成員就會開始自我預設標準；如果你頻繁變動用詞，大家就會選擇觀望而不是主動行動。這些語言的差異，表面上看起來只是措辭不同，

第七章　危機中的領導力：轉折與穩定度

實際上反映的是一個領導者是否具備「設計行動理解」的能力。

以微軟執行長薩蒂亞・納德拉（Satya Nadella）為例，他在接任初期所面對的，不只是業績成長趨緩或產品轉型的壓力，更深層的問題來自組織內部語言與文化之間的斷裂。在《刷新未來》（*Hit Refresh*）一書與多場公開演講中，納德拉曾多次提到，當時的微軟有著過度依賴過往成功經驗的習性，內部對創新缺乏真正的容錯空間。他沒有急著更換團隊，也沒有馬上推動新一輪產品計畫，而是重新檢視企業內部如何談論目標、如何定義進步。

他刻意放下過去那些強調「效率」的說法，取而代之的是在內部會議中一再提及「學習型文化」。他希望公司不再把成敗視為二元結果，而是關注每一次嘗試能帶來多少理解，能否成為下一次進步的基礎。當媒體詢問他對某項新產品的期待時，他並沒有用銷量或市場占有率來定義成功，而是說：「我們要看這個版本帶來了哪些洞察，能讓下一個版本更成熟。」對他來說，衡量價值的標準是這次經驗為下一次準備了什麼。

這樣的語言轉變是一項策略選擇。他透過改變組織內部的對話方式，為整個企業建立了新的行動邏輯與目標觀點。當主管與團隊學會用「學到什麼」來取代「有沒有做對」，整

3. 你怎麼說，團隊就怎麼動

個組織也開始從防守型文化，轉向更有彈性的實驗模式。這種轉變是一種實際介入組織運作、重新定義什麼才算投入、什麼才值得鼓勵的實務行動。

這也顯示出，領導者的語言可以扮演三種重要角色：釐清模糊、降低誤解、創造共識。所謂釐清模糊，不是要求主管什麼都要知道，而是你要知道自己知道什麼、還不知道什麼，並且明確說出：「目前我們掌握的資訊是……」、「以下這幾件事還需要確認……」。這樣的語言會讓團隊知道「哪些部分可以行動、哪些部分要觀察」，而不是進入一種全面等待的狀態。

而要降低誤解，就不能只靠反覆澄清，而要主動界定語意範圍。舉例來說，若你說「請各部門再想一想有沒有更有效的做法」，你心中期待的可能是「提出一、兩項替代方案供比較」，但如果你不說清楚，就有可能有人重新寫了一整份專案規劃，有人則只改了幾個流程步驟。語言之所以會被誤解，往往不是因為講錯，而是因為「期望的行動沒有被一併說明」。

很多主管會說「我以為大家都知道我在講什麼」，但實際上，每個人在資訊密度、優先順序與任務負責程度上的感知都不一樣，沒有人能準確猜出你的思路。領導語言的清晰度，來自於對團隊行動的預測力：你知道他們聽完之後會往

第七章　危機中的領導力：轉折與穩定度

哪個方向、做些什麼行動。

再談語言如何創造共識。所謂共識，不是每個人都同意，而是大家願意在不完全同意的情況下，選擇前進。要做到這一點，語言中需要保留足夠的「彼此理解」。有些主管在做決策時講話過於決絕，像是「這件事就這樣決定了，請照辦」，乍看之下很果斷，但實際上反而讓團隊缺乏彈性。相對地，如果你能在說明完方向後補一句：「有不同的想法可以在週四前先彙整給我，我們會再看是否有修正空間。」這樣的語言看似多說一句話，但實際上能讓團隊更快聚焦在主軸上，因為他們知道自己能夠提出意見，事情也有轉圜機會。

語言的節奏感也是關鍵。真正成熟的領導者，不會讓自己的語言是終局宣判，而是有層次、有時間感、有階段性的。比方說，你在會議上說：「這週我們先把 A 案做初步定義，預計週三有初稿。週五以前整理出我們知道哪些事情還不確定，下週再根據這些進一步調整。」這種語言讓團隊知道短期要做什麼、中期會面對什麼、長期可能怎麼改。你不用把一切都想完才開口，只要你說得有邏輯、有界限、有後續空間，團隊就能跟得上。

亞馬遜（Amazon）內部長期實施一項備受討論的制度──以「六頁備忘錄」取代傳統簡報。與其依賴圖表與條

3. 你怎麼說，團隊就怎麼動

列讓人「快速了解」，亞馬遜選擇要求提案人以敘述文的方式，將想法寫清楚、邏輯說完整。在每場關鍵會議開始前，與會者會花數十分鐘安靜閱讀這份由發起者撰寫的六頁備忘錄，然後才進入討論。

這並不表示公司鼓勵冗長、書面化的溝通方式，而是認為結構明確的語言，是集體判斷的必要前提。創辦人傑夫·貝佐斯（Jeff Bezos）曾在股東信中提到，寫作是一種深度思考的過程，文字必須經過反覆推敲，才能讓討論建立在真正理解的基礎上。與其倚賴現場即興表述與「大家大概知道在說什麼」的默契，亞馬遜更傾向用書面敘述，確保每個人對問題的理解來自同一套邏輯。

這種制度背後隱含著一個明確立場：領導者的語言不能只是暫時的說法或模糊的方向感。如果每次決策都依賴臨場的說服與即席的理解，那麼組織很容易陷入片段式行動，各自詮釋、各自推進，最終難以形成整體協同。透過書面語言讓觀點與決策基準具體化，亞馬遜建構了一種更穩定的討論架構，也讓每一個選擇背後的推理過程變得可討論、可檢視、可傳承。

許多組織裡的沉默，是從過去的語言經驗中學到的迴避方式。當討論空間經常被「這樣講不太有根據」、「你那個方向太偏了」這類語氣壟罩，即使主管無意否定，久而久之也

第七章 危機中的領導力:轉折與穩定度

會讓成員產生一種預設反應:說出口的代價太高,不如等別人先講。

當語言被設計成協作的橋梁,而不是立場表態的工具,真正有價值的意見才有機會浮現。

最終,語言的目標不是說服,也不是管理印象,而是讓整個組織能夠朝某個方向共同移動。領導者不需要話多,但每一句都要是可供行動的依據。你說出來的每個句子,最好都能回答一個問題:聽到這句話的人,會知道接下來該做什麼嗎?他會知道這件事現在重要嗎?他會知道還有誰會參與這件事嗎?

你說的話,就是整個團隊思考邊界的起點。你怎麼說,團隊就怎麼動。

第八章
團隊建設：協作與文化營造

第八章　團隊建設：協作與文化營造

1. 高效團隊不是找來一群高手

我們常以為，只要找來業界最強的一群人，把他們放在同一個團隊裡，自然就會產生出色的成果。但實際上的組織運作經驗告訴我們，一群高手不一定能形成一個高效的團隊。有時，這些「最強個體」反而成為彼此配合的障礙。不是因為能力不好，而是因為他們每個人都有自己擅長的處理方式、解決問題的習慣，與優先順序的邏輯。一旦缺乏整合的機制，這些高手就會像是彼此獨立運行的系統，看起來都在努力，但沒有人往同一個方向出力。

許多新創公司在快速擴張時都曾遇過這樣的情況：原本的小團隊合作無間，大家都熟悉彼此的工作節奏與邏輯，一有問題就當場處理。但當組織規模一旦擴大，開始找進來一批來自各領域的資深人才時，反而產生了溝通混亂與推進失速的狀況。這些新加入的人各有專業，也有各自過往累積的成功經驗，但在一個缺乏共同語言與協作結構的環境中，他們沒辦法立刻「接上」原有團隊的默契，也沒有人能清楚說明這個團隊到底希望怎麼合作、怎麼決策。於是，不是彼此搶著主導，就是互相等待方向。

矽谷設計公司 IDEO 曾在多場訪談中強調，他們在組成

1. 高效團隊不是找來一群高手

專案團隊時,最重視的並不是成員的個人能力高低,而是團隊之間能否建立良好的互動關係。對他們而言,一個專案是否能順利推進,關鍵不在於誰提出了最有創意的點子,而是不同觀點能否在有限時程內有效整合,形成可實作的設計方案。

這樣的做法並非只是文化口號,而是貫穿於日常工作的合作策略。IDEO 長期採取跨學科合作方式,設計團隊成員來自不同背景,彼此必須在專案早期就建立對彼此溝通方式與反應節奏的理解。從他們分享的經驗來看,當團隊成員能夠預期彼此可能關注的問題、理解對方提出質疑的邏輯與用詞方式,協作過程中的摩擦會明顯降低,進度也更容易集中而穩定。

這種對「能否展開對話」的重視,反映出他們對創新流程的基本信念:創意並非單點爆發的靈感,而是在清楚的角色理解與充分的討論中逐步建構。也因此,他們特別強調建立可預測的溝通節奏與思考路徑,這是為了讓不同專業背景的人能有共同的工作語言與合作節奏。

類似的合作邏輯也出現在皮克斯動畫工作室(Pixar)的製作流程中。他們將每部作品的發展劃分為創意開發期、初步製作期與技術整合期,並非讓某一位主管貫穿全部階段主導決策,而是根據任務特性調整領導重心。創意初期由導演

第八章 團隊建設：協作與文化營造

與視覺總監共同設定方向，這個階段重點在於敘事核心與視覺語言的建立；進入製作期後，製片與動畫總監則負責整合各部門資源、安排進度與解決執行層面上的衝突與瓶頸。

皮克斯並不將領導權視為固定角色所擁有的地位，而是依照每個階段的需求，把決策重心交到最能處理當下問題的角色手中。這讓團隊不會被困在單一領袖模式，也避免出現「誰最資深就說了算」的僵化邏輯。他們的目標是設計出一套能讓合適的人在正確時機發揮影響力的流程安排。

這種角色導向的協作方式，使團隊成員在參與過程中能更快釐清自己當下的責任與角色定位，也讓合作更具彈性與明確性。領導權不是靠階級爭取來的資源，而是根據工作進展自然流轉的責任分配。這樣的制度設計，不僅降低了因資訊落差或權責不明所造成的誤解與摩擦，也讓每個環節的專業能力都能在正確的時間點被組織所用。

高效團隊有幾個共通特徵。首先是目標界定清楚，能對應到每個成員目前工作的具體意義。當一個團隊的成員只知道「我們要打造最好的產品」，但不知道「我這週做的功能會如何影響整體體驗」，他就只能在自己的任務表中埋頭苦幹，難以主動調整行動來配合整體節奏。

第二是角色互補的配置。這不只指技術分工的補位，而是包括工作習慣、風格與思考角度的搭配。有些團隊會刻意

1. 高效團隊不是找來一群高手

安排一位偏保守的測試人員與一位風格大膽的設計師合作，讓他們在討論中產生更平衡的考量，從而設計出既創新又可落實的方案。

第三是資訊流動的機制明確。高效團隊不代表每個人都知道所有事，但一定要知道「我該知道什麼、要問誰、在哪裡可以看到目前狀況」。有些團隊習慣使用儀表板追蹤進度，有些則每週固定時間同步資訊，不論形式如何，重點是讓資訊的更新與查詢不會成為壓力或人情包袱。這種設計是為了減少不必要的猜測與假設。

第四是權責對齊。每一項任務的執行者，不只是「有人指派給他」，而是他本身對那件事有可控權限與清楚回應範圍。當責任不清楚、權限又分散時，最常出現的狀況就是推諉與重工；相反地，若成員清楚自己負責的內容能怎麼推進、什麼狀況下可以主動調整、什麼需要回報，團隊運作就能產生節奏與效率。

第五是心理安全感的設計。透過制度安排，讓人知道講出問題不會被懲罰或被記上一筆。像是有些團隊會在每週回顧時固定設置「下次可以更好的地方」這一段，由主持人先舉例，再請大家自由補充。也有的團隊會讓新人擔任某次任務的提問者，鼓勵用初學者的角度提出疑問。這些安排讓團隊內部的發言與挑戰，不是額外的勇氣，而是工作的一部分。

第八章　團隊建設：協作與文化營造

你可以觀察那些真正穩定且高效的團隊，他們通常不會把合作當成「你幫我」、「我幫你」，而是有一套默契系統：在這裡做事，需要怎麼提問、怎麼回應、什麼時間點該開口、什麼情況要先確認。這些默契是透過制度細節、工作流程與日常行為不斷強化的。

有一間國際顧問公司，在內部成立了跨國虛擬專案團隊，他們的成員來自五個國家、橫跨三個時區。一開始這個團隊的合作非常混亂，大家習慣的開會方式、語言用詞與工作速度完全不同。後來他們導入了一個協作準則卡，每位成員在上線前需閱讀並確認三件事：回應時限、回覆格式與衝突處理方式。這張卡片雖然只是簡單的一頁紙，但對整個合作流程產生了決定性影響。因為他們開始對彼此的行動有共同理解。

所以，高效團隊不是把一群強者塞進同一個專案，而是創造出一個讓人可以合作的空間與結構。這裡的「可以」，不是心態層面的，而是來自制度層面的安排與日常工作的細節設計。每一項行動的背後都牽涉到理解與回應的預期：當我做這件事時，別人會怎麼理解？當我提出一個建議時，會在哪裡被接收到？當我們要做調整時，有沒有預設的討論節點與共識機制？

真正成熟的團隊文化，是當你進入這個團隊時，你不會

1. 高效團隊不是找來一群高手

覺得自己要特別努力才配得上其他人,而是你知道,只要照這裡的方式做事,你的角色就能被接上,你的能力就能被放進整體節奏裡,產生真正的價值。

第八章 團隊建設：協作與文化營造

2. 用文化帶節奏：信任、透明、行動共識

我們常把文化當成抽象的價值宣示，將它貼在牆上、寫進簡報，用來說明「我們是一個什麼樣的團隊」。但在實務上，文化若不能轉化為具體的行動方式，它對團隊的運作影響就非常有限。真正有效的文化，是每天大家怎麼開會、怎麼決定事情、怎麼處理衝突的那套節奏。這些看似瑣碎的互動細節，才是文化真正起作用的地方。

一個團隊的行動節奏，並不只是任務安排的速度與順序，更是成員之間對彼此預期的默契。例如，我在什麼情況下應該開口？我能不能質疑對方的提案？資訊該怎麼同步、什麼時候該停下來討論、出了問題誰會處理？這些都不在流程圖上，卻決定了這個團隊能不能順利合作。如果一個團隊裡，每個人都必須時時揣測別人的想法、猜測哪些話能講、哪些事情能問，那就算制度再完整，也會因為缺乏基本信任與共識而變得低效。

而文化就是這些「看不見但實際被用來判斷」的準則來源。當文化清楚，團隊成員就能在沒有明確指示的情況下做

2. 用文化帶節奏：信任、透明、行動共識

出合理行動；當文化模糊，每個人就會依自己的經驗行動，最後導致彼此誤解與效率流失。建立有效的團隊文化，目的是要讓信任能被實際建立、資訊能夠有效流動、共識能夠持續更新。

信任，是所有合作行為的起點。沒有信任的團隊，每個人都只會守住自己的責任範圍，生怕多做了、說錯了、被當成多管閒事。這樣的氛圍會讓協作只剩任務交換，沒有真正的共同行動。但信任並不是靠口號建立的。不是說「我們要信任彼此」，大家就會開始放下防備。信任的起點，是可預期性。如果我今天跟你講了一個想法，下週回來你真的有處理，並且向我回報了進度，那我下次就會願意再跟你說得更多。反過來，如果我說了三次，你都沒反應，或每次都說「好，我再看看」，然後就沒下文，那我很快就會停止對話，因為我無法預期這個互動的效果。

所以信任的真正建立，不在於關係的好壞，而在於回應的品質與頻率。一位曾在跨國科技公司擔任產品協調員的主管分享過，他負責與三個地區的開發團隊溝通，但時區不同、語言不同、進度又常常卡關。起初他試著每週開一次三方會議，但總有人沒出席、有人沒更新、有人回得模糊。他發現這樣的信任感無法建立，於是改成每日固定時間用同一個表單收集進度，每三天整理一次交集問題，在週會前主動

第八章　團隊建設：協作與文化營造

寄出討論清單。因為每週討論都回到上週未解決的點，大家便開始覺得「這些討論是會被追蹤的」、「我的回應不會消失」，信任感就逐漸建立起來了。

接著談透明。資訊透明不是指所有事都要公開，而是讓每個人都能「看到自己該看到的部分」。太多團隊在談透明時，陷入兩種極端：一種是什麼都不說，怕說太多會被拿去解讀、引發不安；另一種則是什麼都說，開放所有文件、所有會議都邀請大家參加，結果造成資訊過載、重點模糊。真正有效的資訊透明，是根據角色需求設計可見度。例如，設計部門需要看到的是用戶回饋與功能優先順序，而業務部門則需要了解產品交付時程與預期效能。

Netflix 在組織運作上的設計，也延續了相同邏輯。他們的內部管理手冊曾明確指出，並不要求每個人參與所有決策，但會讓每一項決策背後的判斷依據保持可見。他們將這種做法稱為「Context, not Control」——與其透過流程或層級來掌控決策，他們更傾向提供足夠的情境背景，讓員工能根據清楚的方向與價值標準，自主作出選擇。

這並不意味著放任或模糊責任，而是有意識地建立一套資訊可流動的決策環境。當重要訊息不再只掌握在少數人手中，個別成員就能根據共同理解的目標，協調行動、調整步驟，甚至在沒有直接指令的情況下持續推進工作。這樣的制

2. 用文化帶節奏：信任、透明、行動共識

度設計，將決策的品質與穩定性，從階層控制轉移到資訊透明與共識養成上。

Netflix 強調的，是讓每個人都能理解這些判斷是如何做出的。當人們能接觸到完整的脈絡，就更有可能在自己負責的領域中作出與整體方向一致的決策，也更能理解他人行動背後的考量，從而降低誤解與扯後腿的風險。資訊共享不是附屬配套，而是整體協作邏輯的核心組件。

最後是共識的形成。我們常以為共識是「大家都同意」，但在複雜環境下，不可能每件事都取得全面同意。有效的共識，是「我們都知道這個決定是怎麼來的」，即使不是我最初支持的方向，我也願意配合，因為我理解背後的考量與選擇過程。這種共識的核心在於程序清楚。你讓誰參與了討論、聽了哪些意見、怎麼權衡利弊、為什麼做出這個決定。如果這些過程都是模糊的，團隊就會覺得決策是黑箱，即使結果再好，也無法真正形成支持。

有些團隊會設計決策說明的簡報結構，在每次專案轉折點時簡單回顧「當初為什麼選擇這個方向」。這樣的說明不需要很長，但它能讓後來加入的成員快速對齊，也能降低因人事變動而產生的方向錯亂。一家歐洲的數位金融公司內部甚至有一個「決策日誌」系統，主管在每次重大決策後，會寫一篇短文記錄當時的選擇與依據，這讓他們在未來回顧時

第八章　團隊建設：協作與文化營造

有跡可循。這些紀錄後來成為新人訓練的重要素材，也讓組織在面對變動時，能保持判斷的一致性。

所以文化的本質，不是團隊有多團結、有多努力，而是每天的工作安排裡，是否有一套大家都能理解、能參與、能依循的行動邏輯。你要怎麼跟人合作、你預期別人怎麼回應你、出了問題怎麼討論，這些是組織行動的文化節奏。當這些節奏是穩定的、可預期的，成員就能用更少的時間在確認流程、釐清界線，而把更多的精力放在解決真正的問題上。

領導者的角色，不是去塑造一種所謂理想文化，而是持續修正、優化、對齊團隊之間的行動節奏。你可以從三件事開始做：

第一，設計明確的回應節點。不要讓成員只能憑經驗猜測什麼時候會被處理。即使是還不能決定的事情，也可以先告訴大家「下週會再討論」、「目前在收集資料」。這種節點安排比單方面宣布來得更有行動連結。

第二，建立資訊的角色可見性。你不需要讓所有人都參加所有會議，但你可以設計讓他們知道去哪裡看到跟自己相關的資訊。例如使用區分權限的共享看板、用固定主題的例會讓資訊分流，這些都能讓資訊透明成為一種可執行的機制。

2. 用文化帶節奏：信任、透明、行動共識

　　第三，在決策過後補上說明，不要假設大家都會理解你的判斷。即使不是書面資料，也可以用簡單語言補一句：「這次選擇這方案，是因為前面兩個方向在時程上無法配合，用戶反饋也偏低。」這樣的說明不只讓人對結果有認同，也會讓下一次討論更有效率。

　　文化的建立是行動設計的選擇。信任不是說服來的，是從回應裡長出來的；透明不是資訊量的問題，是資訊是否在對的時間到達對的人手中；共識也不是情緒認同，而是對程序的參與感與理解。當文化變成一套大家都能操作的節奏，團隊自然就會往同一個方向移動，不需要反覆對焦、不需要重複解釋，行動會成為最好的默契養成方式。

第八章　團隊建設：協作與文化營造

3. 解決「自己做比較快」的陷阱

在許多團隊裡，當一項任務沒有被好好交接，或合作進度落後時，我們常會聽到一句話：「我自己做比較快。」這句話聽起來像是一種負責任的表現，表示這個人願意主動扛起工作，解決眼前的困難。但是當這種習慣變成常態，它往往不是在幫助團隊，而是在削弱團隊的合作能力。

「自己做比較快」其實是一種應對模式。它反映的是：我曾經試著交代過，但對方做得不好；我試著解釋流程，但需要花太多時間；我怕結果不一樣，還要花心力收尾，乾脆自己處理。這種選擇背後，不一定是對他人的不信任，更多時候，是來自於一種對失控結果的預期焦慮——當我無法預期別人會怎麼做，我就會選擇回到自己能掌控的狀態。

然而，這樣的回縮行為雖然短期內提高了效率，長期卻會對團隊造成兩種破壞。第一，讓其他成員無法從實作中學習成長，組織的技能累積就永遠落在少數人手中；第二，阻礙了流程標準化與制度化的可能，因為每個環節都靠少數人個別發揮，其他人難以接手，也難以複製。

當一個組織裡到處是「資深靠自己做，資淺等著被指派」的狀態，這個團隊的效率看似不錯，但實際上擴張力極

弱。只要幾個關鍵角色離開,團隊整體的輸出能力就會急遽下滑,因為沒有人知道那些任務是怎麼被完成的,也沒有人知道該從哪裡接手。

這時候,我們需要問的不是「要怎麼讓大家更主動接手」,而是「我們有沒有讓事情變得容易被接手」。因為能不能交辦,不是單靠意願,而是需要結構配合。很多主管在對下屬不放心的同時,也沒有提供一個可以讓對方容易執行的任務結構。例如沒有列出明確的期望成果、缺乏中途檢查的節點、也沒有說明資源可以如何取得。這種狀態下,即使下屬再有意願,也會在操作中卡關,最後主管又回來收拾,變成惡性循環。

設計可以被交辦的工作,不用簡化任務內容,但是要拆解任務路徑。一位曾在金融科技公司帶領新部門成立的資深營運長分享過,他在初期最大的困難是如何把自己腦中的經驗交出去。他說:「我知道這個問題會怎麼演變,也知道處理的順序,但要我馬上把它講出來,還要配資源、設計節點。我自己處理真的比較快。」但他也意識到,如果部門永遠只能靠他來做判斷,那這個團隊永遠無法成長。

於是他從幾個固定重複出現的任務開始練習拆解:例如用一張表列出這個任務過去會遇到的常見難點、關鍵的回報時間點、需要確認的三個條件。他不是寫操作手冊,而是列

第八章　團隊建設：協作與文化營造

出「這類任務會出現什麼判斷點、應該怎麼處理、出錯時要找誰」。這樣的拆解方式，比完整講解更容易進入，也讓團隊成員逐漸習慣判斷與負責的邏輯，後來他甚至把這套「任務模版」分享給其他部門，變成橫向協作的起點。

　　這樣的邏輯，其實與軟體開發領域中常見的工作設計方式有相似之處。在敏捷開發流程，特別是 Scrum 框架中，任務通常被拆解成一則則「用戶故事」(user stories)，每則故事都包含明確的起始條件、預期成果與驗收標準。這不是為了讓主管能細部監控進度，而是要讓協作者明確知道：自己從什麼時候該開始介入、要交付哪些內容，以及如何判斷這項工作已經完成。

　　這種結構化的任務設計，讓協作從一開始就具備執行依據。它透過明確定義交付標準，使工作能在多方參與下仍維持一致步調。用戶故事的設定方式也幫助整個團隊建立共通語言，讓每一位成員即使來自不同職能背景，也能在相同邏輯下推進工作，減少因理解落差所帶來的反覆協調。

　　這正是一種讓交辦內容具備可執行性的實務方式——是確保每個參與者都知道自己該在哪裡展開、該如何收尾，讓工作不再是一場靠猜測支撐的冒險。

　　除了任務結構的設計外，另一個常見的障礙是：缺乏「可預期的回應迴路」。也就是當我把任務交出去後，我知不

3. 解決「自己做比較快」的陷阱

知道什麼時候會收到更新?我能不能在必要時點提醒?我說出問題時會不會被責怪?如果這些都不清楚,交辦就會變成一件高風險行為,沒人願意嘗試。

為了解決這樣的問題,有些團隊會設計「微型進度同步機制」,像是每週固定 20 分鐘站立會議、或是每日在聊天軟體中更新一句話狀態。這些看起來只是形式上的小設計,實際上卻大幅降低了協作風險。因為交代的人知道自己能看到進度,被交辦的人也知道自己有機會提出困難與延誤。這樣的節奏設計,讓雙方從「我丟給你就不管」或「你丟給我,我只能硬撐」,變成一種有來有往的合作模式。

另一個具體作法,是設計「角色協作圖」。有些專案在初期會用簡單的圖示標出誰是任務的主要負責人、誰是支援者、誰是回應窗口。這種圖是為了幫助大家快速理解「現在要問誰」、「這個部分要回報給誰」。透過這種視覺化設計,可以讓工作不再依賴人與人之間的默契,而是讓行動結構本身能承載責任。

當然,有些人之所以選擇自己做,也來自於一種「過度投入型責任感」。他們相信自己是為了團隊好,所以選擇自己完成。但是久而久之,他們也會陷入疲乏、累積怨氣,甚至因為習慣獨自處理而失去成為領導者的機會。一位科技業中階主管就曾分享,他在升任部門主管後,反而發現團隊表

第八章　團隊建設：協作與文化營造

現下滑。他不解為什麼以前自己帶兩三個人時，效率很好；但現在多了幾個人後，大家反而開始依賴他決定與處理。他後來才意識到，自己過去的高效率，是靠自己撐起來的，沒有養出任何可以獨立作戰的隊友。他說：「我以前以為自己是帶頭做榜樣，後來才發現我在削弱整體的行動力。」

這個問題的本質在於：一個人做得多，不等於帶動得多。你做的事，能不能被別人接續、學習、延伸，才是你在組織裡真正的貢獻力。否則你再高產，也只能當個獨立作業員，無法成為推動組織前進的節點。

要破解「自己做比較快」這個陷阱，並不是要求大家都要強迫交付，而是重新思考：我們是否有建立一個「可以被信任地交辦事情」的環境？任務結構的設計、進度同步的節奏、責任邊界的可見性，這些才是讓人願意合作、敢於放手的基礎。

協作是為了讓事情可以被更多人接續與完成。如果你總是在想「不如我自己來」，那麼你就等於終止了組織的擴張鏈結。唯有當你開始設計可以被他人完成的任務、可以一起推進的行動節點，組織才真正有能力往前走得更遠，也更穩。

第九章
組織策略與人才布局

第九章　組織策略與人才布局

1. 位置是任務設計的一部分

我們常聽到一句話:「這個人很不錯,但可能位置沒放對。」問題不只是「放錯了」,而是我們常常沒有真正設計「這個位置應該是什麼」。在組織裡,我們花很多力氣找人,卻很少回頭問:我們要這個位置來解決什麼問題?這個角色的任務邊界該怎麼定?他在這個系統裡會接到什麼、會交給誰?如果這些都沒設計清楚,任何一個人被放進來都會感到混亂,做不好也許不是因為能力不足,而是位置本身就沒設計完備。

所謂「位置」,不是職稱,不是職等,也不是辦公室的座位安排,而是這個人被放在某個任務鏈裡,該扮演什麼角色、該承接哪些責任、要和哪些單位互動、需要什麼資訊才能開始行動。沒有這樣的結構設計,就算找來的是業界頂尖人才,也會落入「到底要我做什麼?」的困惑裡。

一位曾參與兩次新創公司擴編階段的營運總監曾分享,他們曾在短時間內擴大人力規模,找來許多有品牌經驗與業界資歷的專業經理人,結果反而導致團隊運作變慢。這些人每個都很有想法,但是進來之後卻不知道自己的角色與其他人怎麼連動,也沒有人能說清楚他們的任務邊界。到最後,不是每個人都自己重新設計流程,就是互相等待下一步,整

1. 位置是任務設計的一部分

個組織效率反而下滑。

從這樣的經驗可以看到,組織內部的每一個位置,都應該被當作一種「任務節點」來設計。這個節點要能夠清楚回答三個問題:這個位置的主要任務是什麼?它在整體流程中是在哪個段落?它完成的成果要往哪裡傳遞?當這三件事都被設計清楚,人才才不會陷入無所適從,也才有機會發揮能力。

Adobe 在推動內部團隊改革的過程中,也針對產品開發流程進行了系統性的調整。他們觀察到,許多專案中的瓶頸並不來自產品設計本身,而是來自於開發階段角色責任模糊、工作內容未被明確界定。為了解決這個問題,Adobe 開始導入一種任務導向的角色設計方式:與其沿用傳統職稱來安排工作,他們選擇根據開發流程中實際出現的任務節點,定義清楚需要具備什麼樣的能力,接著再找出最適合擔任該角色的人選。

這種作法的重點,不在於打破職位制度,而是避免讓工作內容被職稱框住。例如,在產品定義初期,他們更重視能整合外部資訊與內部需求、協助團隊建立假設模型的實作經驗,而非僅以「資深產品經理」的標籤預設職能。這樣的調整讓人力配置從以人為主、任務配合的邏輯,轉變為先釐清任務需求,再根據任務選擇合適人選的做法。

第九章　組織策略與人才布局

　　對 Adobe 而言，這不只是組織調整技術流程，更是一次觀念上的轉變：位置是一段流程中被賦予明確功能的責任點。當每個角色都是根據「當下任務需要什麼」而設計出來的，團隊自然會從「人到齊再開始」的模式，轉向「定義清楚再分工」，整體效率與溝通品質也就更容易同步起來。

　　這樣的思維也同樣適用於中層主管的設計。在許多企業裡，中階主管被當作執行轉譯者或上對下的溝通管道，但如果組織沒有設計出「他們要怎麼介入任務設計、如何引導團隊策略對齊、在什麼情況下扮演斷點判斷角色」，那他們就很容易變成資訊中繼站 —— 既不決策，也不真正執行，只是傳遞訊息。這樣的角色安排既浪費資源，也會讓團隊失去節奏，因為沒有人在中段負責收束與判斷。

　　所以，真正有效的組織位置設計，必須要從「任務結構」開始規劃。你不能只看目前有哪些人、有哪些部門，而要從以下四個面向來設計每個職位的存在理由：

　　第一，這個位置是為了解決什麼類型的問題？是確保品質穩定、加快開發速度、協調部門資源，還是統整資訊決策？沒有問題定義，就沒有功能定義。

　　第二，這個角色的資訊來源是誰？他需要從哪些地方接收什麼資訊，才能開始運作？資訊流不清，是最容易導致位置無效的原因。

1. 位置是任務設計的一部分

第三,這個角色的輸出是什麼?不是交付什麼文件,而是「他完成什麼任務會讓下一個人好做事」?這是衡量一個位置能否有效的最重要依據。

第四,這個角色的決策權與調整空間在哪裡?他可以決定什麼?什麼情況要回報?什麼情況可以主動修正方向?這些界線不清,就會讓人不敢動、不敢提。

這樣的設計,不只是幫助每個人搞清楚自己的事,而是讓整個組織的任務鏈能順利接合,不會因為某個位置不清而中斷或延誤。

在一間亞洲大型物流公司中,曾經出現這樣的問題:明明已經成立了資料分析部門,但其他部門卻不太使用他們產出的資料。後來高階主管進行內部訪談,發現根本原因是大家不知道什麼時候該使用這些資料、該由誰解讀、資料分析部門到底是支援角色還是共同決策者。這樣的模糊定位讓分析部門處於尷尬地位,結果就是自己不斷產出報告,卻無法介入決策。

最後,他們不是換人,而是重設「這個部門的任務位置」:在每一個跨部門專案啟動時,資料分析部門要參與第一階段需求界定,並在每週會議中負責提出下一步的假設驗證建議。他們從單向交付報告的單位,變成了「專案假設的催化者與風險提醒者」。從此之後,分析報告不再只是備

第九章　組織策略與人才布局

查,而是專案進度判斷的依據之一。

從這個例子也可以看出,位置的設計並不是一次性的任命,而是需要隨著任務內容、組織節奏與資源流動不斷調整。如果一個角色在三個月內都沒人找他協作,也沒人主動向他請教或指派,那很可能是這個位置本身被設計得太邊緣,或者任務鏈中根本沒有清楚的接點。

一位曾在電商平臺負責多項跨國計畫的營運策略顧問曾說過:「我看過太多組織想要『升級人才』,但沒想到其實應該是先『升級位置設計』。」位置本身根本無法承載應該有的功能。你若希望一個人主導任務,就必須同時給出他能運作的條件:該由誰提供資訊、哪些決策他可以拍板、發現阻礙時該與誰協調。否則,即使能力再強,也會因缺乏基礎運作條件而無法推進。

所以,當我們說要「放對位置」,其實不是在說主管要眼光準,而是整個組織要有能力不斷檢查、修正、優化自己的任務設計與位置布局。你是在設計一個能讓人與任務有效連結的結構單位。

真正成熟的組織設計,看的不是職稱表、不是人數分配表,而是任務鏈條中,每一個節點是否有明確角色、清楚任務、對應輸出與協作對象。如果這些都能做到清楚,那麼你不必每次都找最強的人,也能讓整個組織穩定運作。

2. 策略改變時，人才配置也要跟著重組

　　一個組織要轉型，不會只是換一個口號、改幾項 KPI 就能完成。真正的轉型，往往需要從策略到人力配置的整體重構。很多公司會說：「我們現在要轉向新市場」、「我們要強化用戶體驗」、「我們想從代工轉向自有品牌」，但是接下來的人員安排、部門角色、資源配置，卻還是沿用舊邏輯。於是表面上換了方向，實際上卻是舊制度在執行新目標，結果就是推不動、走不順、問題一再重複。

　　策略是改了，但人還在原位，流程也沒變。策略方向改變以後，如果組織的任務分工、人才位置和協作結構沒有跟著調整，就會出現一種典型現象：大家都知道要往新的目標前進，但每天還是在做過去的事、解過去的問題、用過去的方法處理新的挑戰。結果是整體結構還卡在舊邏輯裡動不了。

　　這樣的問題，其實在於整體配置沒有跟上策略的需求。組織內部若缺乏「策略變動時，要連動人力重組」的機制，就會形成一種內部斷裂：高層有新的願景與方向，但中層與

第九章　組織策略與人才布局

執行端還卡在舊有分工與理解之中。結果就是策略推進被解釋成「再做一次我們以前做過的事，但要更快一點、更省資源」，而不是重新定義這次任務的本質。

真正的重組，不是大動作調人、砍部門，而是回到一個關鍵問題：我們現在要解決的是什麼問題？現有的資源配置，還能不能承接這個問題？這個問題一旦清楚，才有可能做出對應的調整。

Netflix 的發展歷程展現出一種高度彈性的組織調整能力。他們從 DVD 郵寄服務起家，轉型為串流平臺後，又進一步進入原創內容的製作領域。這些變化並不是簡單的部門擴編或新增職位，而是從根本重新設計了內部運作的方式，讓組織能夠與策略目標同步演進。

在開始投入自製節目時，他們意識到原本的採購團隊雖擅長議價與授權流程，但是並不具備從題材發想到製作監督的創意開發經驗。與其硬性要求既有部門轉型，Netflix 選擇另闢一條專門的任務路徑。他們設立專責的內容開發小組，根據不同製作階段設計跨部門協作的任務單元，從題材評估、預算核定到拍攝執行與發行規劃，各環節都有明確的責任節點與自主決策權限。

這些任務單元不僅運作靈活，也具備相對獨立的資源調度能力。每個專案都由具有影視背景的內容總監或製作人牽

2. 策略改變時，人才配置也要跟著重組

頭，搭配來自行銷、法務、財務等部門的夥伴組成專案團隊。中層主管則扮演整合角色，確保所有作品在製作自由與整體品牌風格之間取得平衡。這種做法讓 Netflix 得以同時推進多條創作線，又能保留組織協調的節奏感。

這樣的運作對應實際的任務需求與節奏差異，將「怎麼做」的權力放在最理解問題的人手中。它展現的，不只是決策機制的調整，更是一種從任務設計出發的組織思維重組。

這樣的調整針對策略所需，重新定義什麼是「可以推得動這個目標」的組織運作單位。每次策略轉換，不只是業務指標的變動，而是「需要哪些新類型的協作機制、哪一種邏輯可以支撐下一階段的競爭力」。

在你打算改變組織策略時，必須問三個問題：

第一，這個新策略需要的是哪一種工作方式？它是跨部門的嗎？需要創意輸入還是流程控管？是前期探索多還是後段執行重？這些都會影響需要哪一種類型的人在哪個位置。

第二，我們現在的人力配置，是根據什麼邏輯建構的？是照產線？照客戶別？照產品？還是歷史沿革？這個結構與現在策略目標是否還一致？

第三，未來這個方向會產生哪些新的協作節點？目前有沒有人能擔任這些節點的負責人？還是必須設計新角色、開出新任務鏈？

第九章　組織策略與人才布局

　　許多組織的錯誤在於，只進行資源重分配，而沒有重新設計任務連結方式。也就是說，把原本在 A 部門的人移到 B 部門，但是沒說清楚他現在要怎麼跟新部門互動、要處理什麼樣的任務轉變。這樣的重組，其實只是搬位置，不是真正的配置。

　　以一間亞洲跨境電商平臺為例，在進入歐洲市場初期，他們將亞太區的營運與客服團隊直接複製到歐洲事業群。但是幾個月後發現，當地的消費者反應與流程完全不同，導致客服部門每天面對的是不熟悉的語言、流程與消費習慣。這時他們才意識到，任務已經變了，位置卻沒跟著改。

　　後來，他們並不是全部重新招人，而是先針對新市場任務進行拆解：哪些環節需要當地語言？哪些流程可以遠端處理？哪些問題必須有在地判斷與即時回應？這樣一拆解之後，他們設計了新的「混合型任務單位」，由原本資深人員擔任中控角色，連結在地臨時客服與原總部後勤部門。這樣的重新配置，讓任務回到「可以完成」的節奏上，也讓既有人才有機會在新的邏輯中重新發揮。

　　這個例子說明了一件事：重組，不是要把人打散，而是要重新定義任務的結構，並重新建立可以承接任務的節點位置。組織裡最常見的問題，不是沒有人才，而是沒有人知道這次策略變化後，應該怎麼做才對。

2. 策略改變時，人才配置也要跟著重組

在進行人力重組時，有三個思維可以協助你對齊策略與人力之間的連動：

第一，橫向打散。當任務從單點變成多方合作時，要考慮的是如何把現有部門中相似功能的人打散重組，例如「客戶成功經理」這個職位，可能從原本屬於業務部門，改由營運部門主導，但是與產品、技術都有聯繫責任。這種橫向打散是設計一個新的任務中樞。

第二，垂直整合。許多策略失敗的原因，是中層沒有轉化能力。也就是說，高層有目標，但中層無法連結到基層的執行方式。此時，應設計能夠縱向整合任務邏輯的人力節點，例如由專案型中層整合部門之間的需求，並對策略推進的阻力進行預判與修正。

第三，節點再設計。很多新策略需要的是「資訊交會」、「意見整合」或「動態評估」的能力，這些過去可能沒有明確位置。若這時沒有設計出新的角色，這些任務就會落在不清楚該誰負責的空白地帶，導致策略推不動。設計這類節點角色，才是讓新策略有辦法落實的關鍵。

所有這些重組行動背後，都有一個原則：不是誰留下、誰離開，而是誰在新的策略下能扮演什麼角色。如果組織能明確這一點，那麼人才調整就不再是人事命令，而是任務調度。這種做法會讓被調動的人理解自己的價值，也讓團隊知

第九章　組織策略與人才布局

道這不是個人問題,而是組織進化的安排。

策略變了,不代表人要全部換掉,但一定代表位置要重新定義。如果一個組織沒有能力調整人與位置之間的對應關係,那麼再好的策略,也會卡在同樣的執行問題上。你會發現,大家都理解方向,但是沒人知道該怎麼開始。因為人還站在舊地圖上,卻被要求走新的路線。

組織真正能走動起來,不是靠誰說得多清楚,而是這些話能不能引導出對應的行動安排。重組的目的,就是讓人力與任務的連接方式重新對位,讓策略不只存在願景簡報裡,而能在日常流程中被具體實踐。

3. 人才盤點要從 「未來會缺什麼」開始思考

人才盤點這件事，在很多公司裡其實早就做了 —— 主管打勾表、HR 統整名單、高潛力清單一列，似乎就算完成。但真正有效的盤點，從來不是列名冊、標等級、補缺額，而是回答一個核心問題：未來三年內，這個組織會需要什麼樣的人才能力？我們現在有沒有、能不能轉、可不可以培養？

傳統的人才盤點，通常從現有人員出發：誰表現好？誰穩定？誰能升？但這樣的方式只能處理「現況能做什麼」，卻無法因應「下一步會需要誰來做什麼」。結果是整個組織裡，熟悉目前狀況的人很多，卻找不到能帶領大家前往下一步的人。

一位科技製造業的人資副總就曾坦言：「我們不是沒有人，而是沒有人能接新任務。」他們公司原本是代工廠，後來逐步想發展自有品牌，策略明確、預算到位，但所有部門主管都不習慣產品定義、使用者調查與通路策略的工作模式。大家都很熟悉流程與量產控制，卻沒人能帶新產品的早

第九章　組織策略與人才布局

期模擬與市場驗證。這是因為人才盤點一直以來都圍繞在「產能穩不穩」、「效率高不高」的重點上，卻沒人在這個過程中自問：「我們下一階段要打什麼仗？我們準備好這種兵了嗎？」

所以，盤點的起點應該換一個方向：不是從人開始，而是從未來開始。先問：我們未來要進哪些市場？想導入哪些技術？有沒有新的營運模式需要設計？這些問題一旦明確，就可以回推：為了達成這些目標，我們會缺什麼能力、哪種經驗、哪類型的決策判斷？

在不少成長型 SaaS 組織中，也出現過這樣的盤點邏輯轉換：當企業預見到下一階段將聚焦在「客戶導入流程優化」或「中小企業技術落實支援」時，他們便不再只針對傳統技術人員設計任務，而是從業務團隊中找出具有技術敏感度與流程轉譯能力的人才，並建立轉任顧問職能的培養計畫。這樣的策略背後，是一種更務實的人才管理思維：重點不是找到誰最懂技術，而是誰最能促成「商業需求與技術方案之間的對接」。

這就是「能力轉換潛力」的概念。盤點不只是打成績單，而是挖掘結構彈性。很多人升職卻升錯了位置，或是被派到不會發揮的環節。真正要重視的人才價值，不是現階段的產出量，而是能不能在任務改變時，承接新的角色。

3. 人才盤點要從「未來會缺什麼」開始思考

那怎麼看得出來一個人有沒有轉換潛力？一位電信產業的人資策略長提出過三個觀察指標，作為盤點潛力時的基準參考：

1. 邏輯應變能力：遇到新的任務類型時，是否能用過去經驗快速建出應對策略，或是陷入原有慣性？
2. 跨部門歷練密度：這個人是否在組織中接觸過不同單位的運作，了解流程多樣性與資訊來源分布？
3. 反思與重構頻率：是否曾主動修正既有流程、挑戰舊的做法，或是總是把標準操作當成唯一方案？

這三個觀察點，其實就是組織在評估「誰能接未來任務」時的重要參考。這樣的能力，不一定需要額外招募，有時反而是現有體系裡最容易被忽略、卻最有可能成為「未來關鍵角色」的人。

在一家國際藥廠的亞太區分公司中，曾有段人力轉型經驗。當時總部決定投入數位醫療應用，亞洲區的分公司一開始打算向外招募擁有醫療 AI 應用經驗的顧問型人才，但是後來發現這類人才極為稀缺，文化適應與內部結構融合也有難度。於是他們回頭盤點內部人員，發現有幾位長期擔任醫療溝通與教育計畫推廣的主管，雖然不是技術出身，但對臨床語言極為熟悉，也具備跨部門協調與簡報設計能力。他們決定建立一條內部轉任路徑，透過與技術團隊共同進行任務

第九章　組織策略與人才布局

模擬、參與初期設計決策,逐步將這些人培養成新任務的雙語橋梁角色。

這樣的作法並不是「將就」,而是基於一個更成熟的盤點邏輯:與其花大量資源找「完美人選」,不如設計一條「潛力育成」的路徑。這種路徑的設計,才是組織面對未知未來時真正的競爭力來源。

同樣的邏輯,也適用於高潛力人才清單的設計。在許多企業中,高潛力清單往往變成「表現好的人名單」,但實際上,這樣的名單與接班梯隊之間未必對應。你需要的不是能做現在工作的表現者,而是能快速接上新任務、能帶著團隊過渡策略空窗期的人。這樣的角色需要的是穩定度、判斷力與擴散性,不是單點產出高。

因此,在做接班盤點時,不妨把關鍵問題改成:「這個位置若空下來,我們需要一個什麼樣的行動者?」然後再問:「誰具備這樣的行動邏輯、曾經操作過類似節點?」這樣的出發點,才能真正選出未來承接者。

這樣的盤點邏輯也呼應另一個關鍵觀點:真正有用的盤點,不是只看個人,而是看整體調度結構的可轉動性。你不只要知道誰最強,還要知道誰能補誰、誰能承接誰、誰需要再多歷練什麼才能變成一個備位角色。

一間歐洲能源技術公司的亞洲營運團隊,曾設計一套

3. 人才盤點要從「未來會缺什麼」開始思考

「人才備位圖」,不只針對核心職務標出「潛在接任者」,還標記「轉任可能性評估」、「所需補強能力」、「建議培養任務」等欄位。這樣的設計是為了讓組織可以根據變動節奏,提早調整育成節點與任務安排。

這種盤點方式,讓育成從口號變成操作,也讓調度不再只依賴臨時的緊急任命,而是有系統地拉出「接續鏈」。換句話說,人才管理不再只是「誰在場上表現好」,而是「誰已經在熱身、誰準備好進場、誰還需要調整節奏與裝備」。

最後,要讓這樣的盤點機制真正運作,必須搭配兩項制度:

一是橫向觀察機制,也就是讓中階主管有空間主動推薦跨部門有潛力的人,而不是只回報自己部門的強者。這樣才能避免盤點結果變成各說各話的成績單,而是能整合出整體視角。

二是中長期育成節點設計,例如每半年設一個「任務接力計畫」,讓潛力人才有機會嘗試不同類型的任務與角色,累積跨功能經驗。這些安排是為了觀察與建構轉換路徑。

因為組織不會在明天突然改變,而是逐步往下一個階段移動。真正能陪著組織前進的人才,是能持續對位任務變化、懂得調整自己節奏的人。盤點的任務,就是把這樣的人找出來、拉進來、預備好。

第九章　組織策略與人才布局

　　所以，盤點從來不是 HR 一個部門的任務，而是整個組織對未來準備程度的反映。你預見了什麼，你就會開始儲備什麼。你思考的是下一步的任務，你盤點出來的，才會是下一步真的能上場的人。

第十章
用人到用心:從技術到格局

第十章 用人到用心：從技術到格局

1. 真正的領導力，來自你怎麼培養人才

你怎麼對待一個表現中等的部屬，往往比你怎麼獎勵一個優秀員工，更能看出你是不是一位真正的領導者。

一個只會分配任務的主管，只看得見當下的產出；但是真正的領導者，會在部屬表現還不夠好時，就開始思考：這個人目前的限制在哪裡？他還有哪些潛力尚未被激發？我該怎麼安排任務與經驗，讓他能逐步展開新的能力層次？

這樣的思維轉變，是很多主管在升任之後，才慢慢體會到的差距。當你只是執行者時，做好自己的事就可以；但當你變成主管，你的價值不再來自你完成了什麼，更來自你能不能讓別人也變得有能力。主管真正的價值，是帶出比自己更強的人，而不是永遠讓團隊依賴你的效率。

一家新創科技公司的共同創辦人曾分享他初次帶人的經驗。那時他升任產品負責人，底下多了幾位產品經理與設計師。剛開始，他仍用自己過去個人工作的方式帶團隊——把重要的事留給自己處理，複雜的任務自己先做一輪，然後再請團隊接手。他認為這樣能加快速度、減少出錯，也比較

1. 真正的領導力，來自你怎麼培養人才

好掌控品質。

但是半年後他發現，團隊依然需要他天天介入。那些成員沒辦法獨立決策，碰到跨部門溝通的場合也不敢發言。他說：「我以為我在幫他們減少壓力，但其實我從來沒讓他們真的有機會學會承擔責任。」這樣的自省，讓他重新思考什麼叫「帶人」——不是分配好工作量，而是設計一個能讓人變成熟的工作歷程。

所謂「培養」，不是對人好、讓人輕鬆、不批評，而是你能不能幫他拉出一條可成長的曲線。這條曲線不能是直線往上，而要設計出節點：哪一段要加壓？哪一段需要觀察？哪一段要讓他走遠一點，犯錯也沒關係？主管的任務，是在組織內部為每個人建出一種「試煉結構」，讓他們有機會在失敗中被看見、在卡住時被引導、在做好時被肯定。

我們觀察過一些帶人帶得很成熟的主管，他們有一個共同的習慣：他們不是只看結果，而是會追問：「這個人目前的卡點是什麼？我能怎麼幫他通過這一關？」這種思維的前提，是相信一個人不是只有現在的樣子，而是有潛在的變化可能。如果你只看得見當下的表現，你只會安排適合現在的任務；但如果你能看見可能性，你才會願意投資現在還不夠好的人。

在一家國際顧問公司裡，有位資深合夥人帶過許多初階

第十章 用人到用心：從技術到格局

顧問成長為專案負責人。他有一個習慣：每當一位年輕顧問進入項目初期，他不急著讓對方負責簡報或寫報告，而是先觀察這個人在團隊中的互動狀態——是否能主動補位？有沒有提問敏感度？理解的速度與反應節奏怎麼樣？然後，他會針對不同特質的人，設計不同的「推進機會」：有人適合在壓力下操作，他就給較緊湊的任務；有人需要邊學邊試，就用雙人搭檔的形式讓他模仿與練習。這樣做法的背後，是精準化設計。因為他知道，每個人成長的方式不同，主管的責任，是拉出最適成長線。

但是這樣的拉線工作，常常難以量化，也不會立刻見效。很多組織仍偏好以可計算的績效或表格式 KPI 來衡量主管的管理成效，結果是，那些真正願意投入時間培養人才、但短期指標不一定亮眼的主管，往往反而被忽略了。

這也是為什麼真正能拉出人才的領導者，通常有一個特質——長線眼光。他們知道，現在放過一次錯誤、允許一個學習機會，半年後會換來一個能獨立帶人的戰力。這筆帳，值得花時間去算。

當然，所謂的「培養」不是溺愛。主管不能只一味鼓勵、只會傾聽，卻沒有要求或修正。真正有效的成長曲線，來自剛剛好的挑戰：有機會試，但也知道試到哪裡會被拉住；有空間犯錯，但也清楚哪些錯是不能容忍的底線。主管的界

1. 真正的領導力，來自你怎麼培養人才

線是框出責任與學習之間的空間。這個空間要夠大，讓人能動起來；也要夠明確，讓人知道什麼時候該停下來檢查。

有一位連鎖餐飲品牌的區域主管分享過他培養店長的方式。他說：「我不會一開始就把整間店交給他，也不會永遠讓他只跟著我跑。」他會在特定的營運節點──例如人力調度、促銷活動設計、顧客投訴應對──安排模擬決策演練。讓對方寫出自己的判斷邏輯，再和資深同仁對照比較，然後回頭檢討。如果這位潛力店長能夠明確辨識關鍵變數、說出自己為何做這個選擇，他就會進一步放權。這樣的培養方式不是靠運氣，也不是靠時間，而是靠設計。

更重要的是，一位真正的領導者，不只會設計成長線，也會保留信任餘地。所謂的信任，是即使對方現在還不夠好，你也願意陪他慢慢變好。這份信任，是組織裡最稀缺、但最有價值的資產。它讓部屬敢試、敢問、敢改變。它讓一個人不是被推著走，而是主動想變強。

當然，不是每個人都能按照主管的期望成長，也不是所有投入都會有回報。但是一位成熟的主管，會知道哪種人值得投資、什麼樣的節點該設界線。帶人，是一種結構性的責任感，為了讓組織未來多幾位能獨當一面的員工。

而這樣的領導方式，最後也會回到一個根本問題：你怎麼看待人？你是否相信，一個人在對的情境中，是可以變得

第十章　用人到用心：從技術到格局

更有力量的？你是否願意放慢一點節奏，換來一個人的轉變機會？你是否能夠把別人的成長，當作你成績單的一部分？

　　一個真正的領導者，不是讓大家做組織要他們做的事，而是幫他們變成能做更多事的人。這樣的影響力，才是真正可以存留的東西。

2. 領導的厚度，來自你怎麼看待人性

什麼是「有厚度的領導者」？

有些人以為，那代表的是資歷夠深、經驗夠廣、做過的事情夠多。但實際上，一個領導者的厚度，從來不只是你帶過多少人、做過多少事，而是你怎麼看待人這件事本身。你對人的看法，會決定你怎麼處理錯誤、怎麼應對失控、怎麼安排資源，也會影響你是否願意給人時間與空間去修正與成長。

我們觀察過許多主管，他們在面對部屬表現不佳、情緒失衡、做錯決定時，所採取的反應方式，其實藏著的是他對「人性」的理解。有人預設「只要有制度、有 KPI，人就會自動動起來」；也有人相信「人是需要時間與環境調整的，不可能在第一天就對位正確」。前者在部屬失誤時容易直接懲處或切斷資源，後者則更傾向先詢問背後發生了什麼，再決定怎麼調整。

這不只是做法的不同，更是價值觀的根本差異。

一位曾任職跨國保險集團的區域總經理曾說過一句話：

第十章 用人到用心：從技術到格局

「你怎麼處理一個人的錯誤，就會變成別人心中對你領導風格的定義。」在一次區域行銷策略改版的專案中，團隊預期能藉由過往數據模型，預測疫情後的市場反應，並設計出新一輪大型推廣活動。但是最終效果遠低於預期，且花費甚鉅，內部反彈聲浪不小。負責該區的資深主管在檢討會上並未立刻歸咎執行團隊或策略小組，而是說：「我們在策略設計階段過於仰賴過去的數據模型，忽略了疫情後用戶行為的整體改變。我們整體決策邏輯需要更新。」

這樣的語言展現一種對「錯誤」的結構性思考。真正成熟的領導者知道，人會犯錯，但是犯錯並不等於能力低下。有時候，錯只是在揭露一個系統裡尚未更新的邏輯。這樣的視角可以看見問題何在、還缺了什麼資源、還需要怎樣的支持。

一位科技業的研發部門主管也曾分享過他的觀察。他說，最難帶的人，不是技術不好的人，而是那些在組織裡習慣「防守」的人──害怕犯錯、話說一半、事做一半，只為了不要承擔太多風險。他一開始也覺得這些人效率太差、心態有問題，但後來他回頭看整個部門的管理文化，才發現這樣的習性，其實來自過去幾年內部評價方式的導向──太強調交付、不允許失敗、負面回饋太快又太直接。

他開始做一件事：在每次專案結束後的回顧會議中，刻

2. 領導的厚度，來自你怎麼看待人性

意請表現一般甚至出錯的同仁，分享「這次專案裡你最難的地方是什麼？你現在怎麼看那段過程？」他發現，當大家開始學會描述自己的卡點、而不是只被評價結果時，整個團隊對於調整的態度變得柔軟許多，也開始願意多走一步、不怕承擔。

所謂「領導的厚度」，不是你能說服多少人跟你走，而是當事情還沒完成時，你能不能容得下別人正在調整的過程。

這樣的厚度，並不是與生俱來的，而是來自對人性的理解力與歷練過的信任感。真正成熟的領導者會明白──每個人都會有情緒、有盲點、有過渡期。你不可能期待一個人在接受新任務的第一天就完全進入狀態；也不應該因為一次錯判就全盤否定他的潛力。

你怎麼理解「人在變化中會有哪些反應」，會決定你設計多少緩衝區、安排多大的試誤空間；你怎麼看待「一個人的行為背後可能有哪些狀態在影響」，會決定你是只看結果，還是願意理解歷程、預判變化。

這樣的邏輯，也反映在團隊文化中最敏感的一件事上：部屬敢不敢說真話？

在很多組織裡，沉默不代表沒意見，只是大家學會了不要為自己添麻煩。尤其是當過去的經驗告訴大家：「你說出

第十章　用人到用心：從技術到格局

問題，只會讓你自己看起來不夠專業、不夠正面、不夠有解法。」久而久之，大家選擇收起感受、只交成果，不說懷疑、不問風險、不提建議。

這種文化的根本原因，是領導者沒有創造一個可以被理解的場域。

有一位擔任營運主管多年的管理者曾說過：「我真正學會帶人，是從我第一次聽懂員工的抱怨開始。」那是一位相識許久的長期負責客訴處理的中階主管，在一次專案會議後私下對他說：「我覺得我們這次的流程設計就是不合理，但我不敢在會議上講，因為每次只要我提負面意見，就好像全場空氣都變了。」這句話讓他開始意識到，自己過去對「提出不同意見的人」的態度，正在形塑一種集體的沉默。後來，他開始在每場會議最後預留五分鐘，問：「如果你是用戶，你會卡在哪裡？如果你是客戶，你會質疑什麼？」這樣的問題讓大家可以用「角色扮演」的方式說出真正的觀察，也讓他重建了一種溝通機制：只要有提出觀點，就值得被聽見。

這樣的處理方式，其實就是一種「看見人性而非管控行為」的領導轉向。不再只是處理現象，而是開始理解背後的動力；不再只是要求配合，而是開始設計出每個人可以安全說話的位置。

2. 領導的厚度，來自你怎麼看待人性

這樣的領導方式，會讓整個團隊的氛圍產生改變。當人知道自己不是被當成機器操作，而是被當成一個有情緒、有期待、有歷程的個體對待，他們的配合度會變成主動參與，責任感也會從壓力變成選擇。

有一間傳產轉型中的製造公司，在推動數位化流程的過程中，曾發生內部反彈。很多資深員工不理解為何要改變原有的操作方式，甚至在新系統導入後出現「明面上配合、私下繞路」的情況。領導團隊原本打算強勢推動，要求各部門配合時程，否則列入考核。但是人資總監建議，先舉辦一場非公開的焦點訪談，詢問這些資深同仁真正的疑慮。結果發現，他們並不是反對改變，而是擔心自己學不會、怕變得不再重要、害怕被取代。

領導團隊最後沒有退讓變革方向，而是加強現場陪訓資源，並將系統操作融入資深同仁的 mentor 任務中，讓他們也能成為轉型的一部分，而非被轉型排除的角色。這樣的改變，來自一個簡單的選擇——你要把人的反應當成阻力處理，還是當成資訊理解？你想用制度逼人改變，還是設計一個讓人能夠過渡的軌道？

這就是領導的厚度：你怎麼看人，會決定你給出什麼樣的空間與節奏。不是所有人都能立刻對位，但是一個懂得看人的主管，會知道哪些人正在調整、哪些人還需要引導、哪

第十章 用人到用心：從技術到格局

些人只是還沒被理解。

最終，領導力的本質不是你能控制多少，而是你能容納多少。

你容得下別人的不確定、你看得出背後的狀態、你能給出不急著下結論的餘地。這些東西，才是決定你能帶多久、帶多遠的關鍵。

3. 看見人，而不是操控人

很多主管在帶團隊時，其實有一種潛在焦慮：怕事情做不好、怕方向跑偏、怕沒人主動承擔。這些擔心的背後，是一種對「人性不可靠」的預設，因此才會忍不住想再多看一眼、多問一次、多安排幾個備案。問題是，這樣的管理模式走久了，會讓團隊開始習慣被動等待，開始懷疑自己的判斷，最終真的變得不可靠。

控制，不會讓人更負責，反而會讓人失去對自己的信任。

當主管的語言總是充滿細節提醒、動作指令與備案警告時，成員會以為自己沒有裁量權，沒有判斷空間，也沒有真正擁有工作的責任感。他們學會的是「先等等看主管怎麼說」，而不是「我該怎麼處理這件事比較合理」。長久下來，主管會以為團隊缺乏主動性，但真正被壓縮掉的，其實是判斷力與行動力的生成過程。

我們曾訪談過一位大型通訊產業的人資長，他分享了公司一段內部變革的歷程。那時公司準備推動新一代服務模組，跨部門協作需求大增，但主管們反應最多的是「我講一百次都沒用」、「這些人根本不會自己動起來」。他花了三

第十章 用人到用心：從技術到格局

個月時間，實際深入幾個團隊觀察會議與工作流程，最後得出一個結論：「不是團隊不會動，是他們不知道什麼時候動、動到哪裡會被否定、動完之後是不是還要重來。」這種不確定感，是因為主管沒有清楚告訴他們：「我希望你怎麼參與、什麼程度可以自己決定、出界了會怎麼處理。」

主管自以為的控制，是想確保成果，但成員感受到的，卻是無法信任自己的不安。這種心理上的壓縮，會讓人越來越依賴指令，越來越害怕嘗試。這不是因為這些人懶散，而是他們早就學會：在這個團隊裡，提早出手不見得加分，搞錯反而會被記一筆。當環境裡真正有效的行為模式是「先不動、先觀察」，那麼久而久之，真正願意主動的人就會變少。

改變的起點，是把目光從結果移開，先回到人。

在一家以品牌策略為主的設計公司裡，創意部門一直以靈活、自主著稱。但某次為大型客戶執行專案時，負責該案的資深主管因為想確保方向正確、提案不出錯，開始頻繁介入每一組的設計過程——從色系選擇到標語用字，每一稿都提出修改建議，甚至提前指定幾個「他覺得穩妥」的版本方向。剛開始大家雖感意外，不過仍照做。但是幾週後，團隊變得愈來愈安靜，提案內容也愈來愈保守，最後整份提案被客戶評為「技術無誤，卻缺乏創意」。

3. 看見人，而不是操控人

主管這才意識到，是自己讓整個創作節奏斷掉了。他說：「我以為我在追求品質，實際上我讓大家開始只想猜我的想法。」於是他調整了方式：不再要求在第一階段就提交「答案」，而是先讓每位設計師在簡報前 10 分鐘，以圖像敘事說明他們的思路與靈感來源。他只回應思路，而不是作品本身。這樣做法一開始讓他覺得沒那麼有掌控感，但也正是因為放掉那份即時介入，整個團隊才重新找回了主動判斷與提案的熱情。

所謂「看見人」，不是說你要理解每個人內心在想什麼，而是你能不能察覺他的行為背後，有什麼模式正在形成。有些人慢，是因為怕錯；有些人快，是因為想趕快交差；有些人一直重複問問題，是因為他不確定你要的是哪一種標準。當你能看出這些狀態，就會知道，現在最該處理的不是產出，而是判斷的方式。

在一家設計導向的新創公司裡，執行長對團隊的行動風格有一個原則：「你可以做錯，但不能沒想過就做。」他不要求第一次就做對，但會花時間和團隊討論：「你為什麼會這樣做？你當時的依據是什麼？你還考慮過哪些選項？」這些問題不是審問，而是用來釐清一個人做決定的方式。

他說：「我要大家每次都有一套說得通的思路。因為只要你能講出你是怎麼想的，就有辦法修正；但如果你是亂

第十章　用人到用心：從技術到格局

猜、照抄、逃避，那就沒辦法修了。」

這樣的邏輯背後，其實就是一種「從人出發」的管理觀。主管不再是把人當執行機器，而是視為具有判斷力的行動者。你看重的不是他聽不聽話，而是他是否開始學會為自己的選擇負責。這種觀點，才代表真正從操控轉向理解。

當然，理解不是縱容。你可以設定標準、制定底線，也可以要求進度與品質。但是當你看見人的狀態，你會知道怎麼給資源、怎麼安排支援、什麼時候該介入、什麼時候該後退。你開始關注的，不只是事情是否完成，而是每個人做這件事時遇到什麼阻力、他的判斷是否成熟、他是否已經在調整。

有一家國際顧問公司在做內部人才轉任時，不再單純依照績效排名，而是引入了一個「反饋感知能力」的評估維度。他們發現，真正適合帶人的主管，是最能看見同事正在卡關、發現部屬的回應方式開始轉變、辨識團隊氣氛變化的人。這些能力無法量化，卻決定了團隊能不能在高壓環境下不斷前進。

他們說：「不是每個人都要當導師，但每個主管都該有基本的人感知能力。」這句話看似簡單，其實是一種管理哲學——你不只是領導工作，而是在領導一群人。

這種思維的落實方式，有時候只是一個問題的換句話

3. 看見人，而不是操控人

說。例如，與其問：「為什麼你沒完成？」你可以問：「你做到哪裡開始卡住？」與其說：「這樣做不對。」你可以說：「你當時是怎麼判斷這個做法的？」語言的細微差異，會決定一個人是在沉默中抽離，還是願意參與討論、重新調整做法。

最終，領導者不應該用操控讓人服從，而是用理解讓人願意參與。

操控會讓人聽話，但理解才會讓人成長；操控會讓事情照進度走，但理解才能讓事情真正被做好。當你願意放下每一件事都要在你掌控下完成的執念，你就會發現，真正的領導不是能做到多少，而是能讓多少人願意帶著思考去行動；真正的影響力，不是讓別人聽你的，而是讓別人在你身邊時，學會了怎麼為自己負責。

你怎麼看人，決定你最後帶出來的，是一群等待指令的人，還是一群能夠思考、選擇，並彼此連結的人。

國家圖書館出版品預行編目資料

非直覺式管理！把人放對，績效自然到位：調結構 × 調節奏 × 調人心……從雜亂無章到節奏分明，帶出一支能自己解題、穩定輸出的行動型團隊 / 沈奕 著 . -- 第一版 . -- 臺北市：財經錢線文化事業有限公司 , 2025.07
面；　公分
POD 版
ISBN 978-626-408-299-0(平裝)
1.CST: 領導者 2.CST: 組織管理
494.2　　　　　　　114008151

非直覺式管理！把人放對，績效自然到位：調結構 × 調節奏 × 調人心……從雜亂無章到節奏分明，帶出一支能自己解題、穩定輸出的行動型團隊

作　　　者：沈奕
發 行 人：黃振庭
出 版 者：財經錢線文化事業有限公司
發 行 者：崧燁文化事業有限公司
E - m a i l：sonbookservice@gmail.com
粉 絲 頁：https://www.facebook.com/sonbookss/
網　　　址：https://sonbook.net/
地　　　址：台北市中正區重慶南路一段 61 號 8 樓
8F., No.61, Sec. 1, Chongqing S. Rd., Zhongzheng Dist., Taipei City 100, Taiwan
電　　　話：(02) 2370-3310　傳　　　真：(02) 2388-1990
印　　　刷：京峯數位服務有限公司
律師顧問：廣華律師事務所 張珮琦律師

-版權聲明

本書作者使用 AI 協作，若有其他相關權利及授權需求請與本公司聯繫。
未經書面許可，不可複製、發行。

定　　　價：299 元
發行日期：2025 年 07 月第一版
◎本書以 POD 印製